KB079346

지속 가능한
항공우주력의 도약

연세대 항공우주력 연구총서 13

지속 가능한
항공우주력의 도약

문정인 · 김기정 · 최종건 편저

Yonsei Univ. Air & Space Power Studies Series 13

Constructing Korea's Sustainable Air & Space Power

Edited by

Chung-in Moon • Ki-Jung Kim • Jong-Kun Choi

ORUEM Publishing House
Seoul, Korea
2014

머리말

본 연구총서는 연세대학교 항공우주력학술프로그램이 개최했던 제17회 항공우주력 국제학술회의에서 발표한 논문들을 선별적으로 수록한 것이다. 항공우주력 학술회의는 1998년 연세대학교 국제학연구소 산하에 설립된 공군력 연구프로그램으로 시작하였다. 본 학술회의는 매년 국가 안보 및 항공우주분야 국내외 석학 및 최고의 정책결정자들을 모시고 발전적인 토론의 장을 마련함으로써 우리나라 최고의 권위와 전통을 자랑하는 학(學)-군(軍)협력프로그램으로 자리매김하였다. 회의의 실질적 목적은 현재와 미래의 대한민국의 안보 및 자주국방의 중추적 역할을 수행할 항공우주산업의 활성화를 위해 효율적인 정책방안과 미래지향적인 비전을 제시하는 데 있다.

올해는 그 어느 때보다 한반도를 둘러싼 각국이 동북아의 하늘을 둘러싼 경쟁으로 뜨겁게 달아오르고 있다. 중국의 일방적인 방공식별구역(ADIZ) 선포로 촉발된 일종의 '하늘 방어선' 경쟁은 우리나라는 물론 미국과 일본 등과의 극심한 외교·안보적 갈등을 일으켜 동북아 안보지형의 새로운 군사적 긴장을 유발하였다. 뿐만 아니라 동북아 각국의 경쟁적인 스텔스기 개발은 물밑에서 숨 가쁘게 진행되고 있다. 중국은 자체 개발한 고성능 스텔스 전투기인 J-20과 J-31의 시험비행을 성공하며 항공강국으로 도약하고 있으며, 일본 역시 2009년부터 자체 기술로 개발해온 심신(心神)으로 알려진 F-3 스텔스기의 선진기술실증기(ATD-X)를 공개하며 반격에 나서고 있다. 하지만 한국의 전투기 개발(KF-X)사업은 오랫동안 제자리걸음으로 맴돌고 있어 안타까움을 더하고 있다. 한국형 전투기를 자체적으로 개발하기 위한 일명 '보라매사업'을 논의한지 10년이 지난 상황임에도 불구하고 소요비용과 타당성 문제로 일곱 차례나 연기되면서 국책기관과 이해당사자들의 의견이 분열되어 있는 상황이다. 보라매사업이 우리나라 항공우주산업의 발전에 중요한 디딤돌이 되는 것은 물론 박근혜 정부가 추구하는 창조경제 실현의 미래성장동력산업임에도 불구하고 장기간 표류하고 있다는 것은 안보적·경제적 측면에서 큰 손실이 아닐 수 없다.

이러한 문제의식을 바탕으로 올해 연세대학교 항공우주력학술프로그램은 "지속 가능한 항공우주력의 도약"이라는 제목으로 2014년 7월 3일 여의도 전경련 회의장 그랜드볼룸에서 제17회 항공우주력 국제학술회의를 개최하였다. 본 학술회의는 국내외 군사안보 및 항공우주 분야 최고 수준의 전문가와 정책결정자들이 한국형 전투기 개발사업을 통한 다목적 전투기 확보 및 작전 효용성을 증대시키는 공중급유기 운용을 위한 최적의 전략과 비전을 모색함으로써 대한민국 항공우주발전의 청사진을 그려보는 소중한 시간이 되었다. 이러한 측면에서 본 연구총서는 당일 학술회의에서 발표된 논문과 좌담회 내용을 수정·보완하여 만든 완성도 높은 학술적 결과물이라고 할 수 있다.

본 연구총서는 총 4부로 구성되어 있다. 제1부는 "항공우주력 건설의 해외 사례와 한국공군의 정책적 함의"라는 주제하에 터키 공군 지휘참모대학

Recep Ünal 준장의 "Increasing Air Force's Capabilities To Meet Future Air Power Requirements For Collective Response," 일본 항공자위대 Masaki Oyama 대령의 "Japan Air Self-Defense Force Overview: Development of Japanese Air Power," Bar Ilan대학 Gerald M. Steinberg 교수의 "Israel Air Power in a Changing Strategic and Technological Environment," 총 3편이 수록되어 있다. 본 장에서는 해외 항공자산 획득과정과 정책 방안을 비교·분석함으로써 한국 항공우주력 건설에 필요한 이론적, 실제적 함의를 비교·분석할 수 있었다.

제2부는 "한반도 안보환경과 항공우주력의 전략적 공헌"이라는 주제하에 아주대 홍성표 교수의 "한국공군의 원거리 전력투사능력과 한반도 안보에의 함의," 국방대 박창희 교수의 "미래 공군의 역할과 장거리 전력투사능력 강화," 고려대 정성윤 교수의 "UN PKO활동의 새로운 추세와 한국공군에 대한 정책적 함의," 총 3편이 수록되어 있다. 본 장에서는 미래 안보환경에 효율적으로 대비하기 위해 최근 들어, 더욱 부각되고 있는 공군의 원거리 전력투사능력과 조기경보기·공중급유기 등 최첨단 지원전력 등을 점검함으로써 한국의 항공력 강화를 위한 발전적인 정책방안을 제시하였다.

제3부는 "한국형 전투기(KF-X) 개발과 항공우주력의 도약"이라는 주제하에 디펜스 21+의 김종대 편집장의 "보라매사업의 현주소와 향후 추진방향," 숭실대 김태형 교수의 "한국형 전투기: 동북아 미래전 대비한 핵심 역량," 충남대 종합군수체계연구소 이희우 소장의 "KF-X의 현황과 문제점," 국방과학연구소 신경수 수석연구원의 "보라매사업의 비용분석 고찰," 국민일보 최현수 군사전문기자의 "한국형 전투기 사업, 이제는 본격 추진돼야 한다," 총 5편이 수록되어 있다. 본 장에서는 여전히 국내에서 논란이 되고 있는 KF-X 사업의 현황과 관련된 소요비용문제와 타당성 검토를 통해 향후 효과적인

전략방안을 제시하였다.

　제4부는 제3부의 주제인 "한국형 전투기(KF-X) 개발과 항공우주력의 도약"이라는 주제하에 진행된 학술회 당일의 패널 간 좌담내용을 지면에 옮겨 놓은 것이다. 본인의 사회로 진행된 Round Table 형식의 좌담회는 국내 항공우주 분야 최고의 전문가라 할 수 있는 디펜스 21+의 김종대 편집장, 숭실대의 김태형 교수, 충남대의 이희우 소장, 국방과학연구소의 신경수 수석 연구위원, 한양대의 조진수 교수, 국민일보의 최현수 군사전문기자의 활발한 토론과 논쟁으로 진행되었다. 본 Round Table은 공개된 자리에서 군사안보 분야 전문가들의 전문적 지식과 발전 지향적 정책방안이 자유롭게 오가면서 침체된 항공우주산업에 학술적·정책적 새로운 활기를 불어넣는 자리였다.

　본서가 발간되기까지 많은 분들의 관심과 노력이 있었다. 우선, 연세대학교 항공우주력 국제학술회의를 위해 물심양면으로 지원해 주신 최차규 공군 참모총장을 비롯한 대한민국 공군 본부에 감사의 말씀을 드린다. 특히, 학술회의가 열리기까지 세부사항과 행사준비에 책임을 다해 주신 연구분석평가단의 이병묵 중장, 교리발전과의 김순태 중령, 강승우 소령에게도 감사드린다. 또한 본 학술회의를 성공적으로 마칠 수 있도록 처음부터 끝까지 헌신을 다해 준 연세대학교 간사진을 비롯한 정치학과 대학원생에게도 감사의 마음을 전한다. 마지막으로 본서가 나올 수 있도록 많은 배려와 관심을 보내 주신 도서출판 오름의 부성옥 대표를 비롯한 출판사 관계자 분들께도 진심으로 감사드린다.

2014년 11월
최종건

차례

제3부   Round Table
한국형 전투기(KF-X) 개발과 항공우주력의 도약

제4부   종합토론

제 1 부

항공우주력 건설의 해외 사례와
한국공군의 정책적 함의

1

Increasing Air Force's Capabilities To Meet Future Air Power Requirements For Collective Response

Recep Ünal | Turkish Air Force

Ladies and gentlemen, distinguished participants,

Let me first express my gratitude for being a part of this conference. I am very pleased to share my views on Air and Space Power in such an agreeable atmosphere. This year in March, I have joined another conference on Air and Space Power in Istanbul named International Symposium on the History of Air Warfare (ISAW). I believe the way we follow as aviators is very promising in regard to outputs we got from these conferences.

At the time we live in, the change is happening very fast. European focused power balance lead by the US and the Soviet Union during Cold War has moved towards the Asia-Pacific region. Economy is becoming more important than ever. The history shows that the economic power can be harnessed easily when desired. In such an environment, the international law, economic dependency, human rights, sustainable development, environmental policy, prosperity,

Cold War Security Environment	Post-Cold War Security Environment
Regular and Expected Threats	Irregular and Unexpected Threats
Overall War, Annexation	Crisis Management, Conflict, Limited War, Regime Change
Static and Major Forces	Mobile, Flexible, Deployable Forces
Major Conventional War	Multiple, Irregular, Asymmetric, Mixed Warfare
Vertical Command Structure and Process	Transparent ve Horizontal Integration
Central Command and Control	Transfer of Authority / Autonomus Command and Control
Interstates Conflict / War	Conflicts Between State and Non-State Actors
Center of Gravity: Military Power	Center of Gravity: Public Opinion
Manpower Intensive Warfare	Technology Intensive Warfare
Weak Public Reaction Against Economic Loss And Casualties	Strong Public Reaction Against Economic Loss And Casualties

stability and long lasting peace amongst different religious and ethnic groups is also important to include.

The Cold War Security Environment and the Post Cold War Security Environment are compared in the following table.

In today's world geopolitics has become very important again. Middle East known as the conflict prone and conflict ridden for the countries security comes in the first order. The geopolitical position of Turkey as the changing of security environment in the renewal and improvement of itself is a mandatory requirement to be met not a luxury. In the context, every step can be seen as a basic requirement for the survival of the country.

Technology and information age that we live rapidly consumes the technology and incorporates technological developments. Not to lag behind the technology and era, for innovation of the future operational requirements and to modernize the Air Force the same mechanisms with the same purpose are common elements.

Rapid technological developments resulted in more capable weapon systems today. Aviation technology today has become very complex and comprehensive. The operational environment is becoming more and more complicated with the new capabilities and new dimensions such as space and cyber space. The future lies on many possible surprises since geostrategic and technological developments are so unpredictable. The air and space environment will certainly feature major breakthroughs that we must be ready to face. So, we must both open up our thinking in a spirit of operational and technological innovation and evaluate the budget arrangements very carefully.

With the acceleration of globalization and the resultant economic, cultural and technological integration, a crisis erupting anywhere in the world now impacts the security and the interests of countries that are not geographically linked to the crisis area.

Countries are forced started to develop new approaches to deal with the multi-dimensional, unpredictable, risky and asymmetric threat environment whose future proportions are difficult to foresee. To this end, they developed a model called Comprehensive Approach requiring the participation of all national power elements. The Comprehensive Approach model has inevitably brought Air and Space Power to the fore in the use of military power.

To develop and to strengthen the Air Force in the face of certain factors such as geopolitics and emerging technologies is inevitable.

Turkey is located in a region where being weak is not an option.

The fast collapse of the Ottoman Empire brought many ethnic problems, many of which could not be solved. Instability in the region left Turkey in the heartland of trouble. Turkey, at the intersection of three continents is surrounded by many flashpoints of conflict. Being in the vicinity of strategic natural resources, and being at the center of the Balkans-Caucasus-Middle East triangle Türkiye, is a neighbor of the Middle East region which is one of the most unstable regions of the world.

Turkey also lies in the center of major energy transportation routes of natural resources, particularly oil and natural gas which increases the significance of the region. The natural resources are transferred to the Europe and the rest of the world via pipelines through Turkish territory and Turkish straits. Almost ten percent of the world's maritime transferred oil passes through the Turkish straits.

I. Air & Space Power

Ladies and gentlemen, in this part I would like to briefly touch upon what this power is about, how important it is and its effects. With no doubt main attribute of Air and Space Power is its scope. The fact that our planet is completely surrounded by air tells us a lot about Air and Space Power.

Air and Space Power is largely dependent on technology. Thus, Air and Space Power has evolved into a technology-oriented, rapidly developing and technology consuming power. Processing information rapidly and using it within a task has become the chief function of Air and Space Power.

Challenges on the future security environment can be best addressed by Air and Space Power. Future studies will focus on the network systems in order to increase the harmony in the operational environment. Main points of interest will be the integration of manned and unmanned systems, control principles, single and joint force approaches, autonomous mission capabilities and cross-domain information systems.

Studies on different types of weapon systems will increase by the time.

The space based capabilities will be used more effectively, and at the end it will be totally integrated into air power.

Cyber environment is becoming a new domain of operations. As the air chiefs, we will need to build cyber capabilities for our air forces in the near future. One example might be the IP based network systems, which provide us with early designation capability and ultimately decision superiority. These implementations will make considerable changes in the operational environment.

The studies show us that the trends are towards to have more flexible and agile air power. Therefore, the emphasis on the platforms, manned systems, fixed elements, control principle and single-domain approach is transformating into better networks, much more remote-piloted systems, more agile structure, autonomous mission capabilities and cross-domained information systems.

II. Turkish Air Force

Distinguished participants, now I will mention how we would like to develop Turkish Air Force.

The Turkish Air Force's fundamental mission is to support the national security efforts against emerging threats and risks, and to protect its national interests through air and space power while contributing to the stability of global and regional peace.

To accomplish its mission also in the future, Turkish Air Force has determined its vision through 2035 as: to be a leader in the region and effective in the continent with her air and space space power.

In order to overcome the challenges of highly complicated environment and accomplish its mission, Turkish Air Force holds pretty competent force structure, Including approximately 330 combat aircraft, 140 support aircraft/helicopters and 170 training aircrafts. Our combat power mainly consists of F-16s.

In order to meet the weapon capability gap, Turkey has been developing indigenous weapons which are being integrated for F-16 and F-4 2020 aircrafts. Some of those weapon systems are, stand-off missile, precision guided kit and winged guidance kit.

The first national MALE (medium altitude long endurance) UAV (ANKA) is designed and being produced by TAI (Turkish aerospace industry). The development phase is concluded and serial production is underway.

With the combat aircraft project Turkey will develop fifth generation multi-role fighter aircraft equipped with modern avionics and capable of operating day and night in all kinds of weather with effective operational range. The conceptual design phase for the project is in progress.

For space based systems Turkish Air Force launched the first electro optical satellite to the orbit in December 2012, and will have additional electro-optical, synthetic aperture radar imaging systems and early warning sensors in orbit before the end of this decade.

In addition, Turkish Air Force has designed and developed a new information system to support its command and control system which is called Turkish Air Force Information System (TIS). TIS, developed and maintained by Turkish Air Force is an efficient and effective system of systems that helps in transferring information superiority to decision superiority.

Accordingly, while trying to ensure the integration with Air Force Information System, we want to increase the use which has given to support the peace with our satellite project. Allocation in the area of Cyber defense based on improvements, with Combat aircraft, developed weapons and ammunition systems which will be our own productions we want to become more independent. We give a lot of importance in the field of education and we have highly conspicuous advantages and want to benefit from them. Experience, geopolitical location due to its proximity, human resources, intellectual capital and we would like to lead such as the opportunity to evaluate the power to add power to our initiatives

III. Training

Coming to training, among my humble forecasts on the air power issues of the future, I regard well trained personnel as the essential requirement. Well-trained and qualified manpower is the major source of Air and Space Power. The fighters of Air and Space Power must be well trained professionals and they have more importance than ever.

Recent technological innovations that were introduced into the operations environment, provided Air and Space Power with precision engagement capability in all environments and under all conditions. However, no matter how far we progress, the manpower required to use this technology will always be the most important factor.

Determining Air and Space Power training requirements in today's dynamic and uncertain operational environment has never been so important. What needs to be done from the training perspective is to plan by constantly keeping the two important factors of Air and Space Power in mind. First factor is the amount of in-depth knowledge that we have about Air and Space Power. Second factor is our awareness of its contribution to modern joint operations.

Knowing that Air and Space Power missions will be conducted on a 7/24 basis, it is imperative to select personnel among the best and provide them with knowledge, skills and culture right from the beginning. This will enable them to perform their duties in line with the demands of contemporary operations.

Training should be versatile (multi-faced), covering all types of operations and should be conducted in real-world environments. At the same time, it should make maximum use of simulators and synthetic training platforms, and should be continuous in order to keep personnel combat-ready at all times.

As an example, The Live, Virtual Constructive concept hierarchy is shown on the screen. Once the Live, Virtual Constructive system is implemented, the scenario depicted on the screen would be applied. The live flight formation would be able to fly simultaneously with manned simulators through data link in the same mission. Together they would be able to attack a computer generated marine task force. Prior to landing their mission results would be automatically evaluated. Once this system is developed, the final goal would be to link this system with participating allied forces' Live, Virtual Constructive networks.

Today, nations are facing with high training expenditures in addition to force structure costs. Thus, establishing an international cooperation environment will help reduce costs and create a synergy that will increase the efficiency and quality of the training.

In order to create that synergy Turkey is ready for international cooperation with allies and partner countries. We are willing to teach and learn from other countries. At this point I want to briefly mention about the capacity of Turkey and Turkish Air Force in terms of international cooperation and what has been achieved so far.

Turkey is an important bridge between the West and East and gives particular importance to strengthen its relations both with US and the European countries. At the same time it is developing its relations with countries in Balkans, Middle East, North Africa, Southern Caucasus, South Asia and Central Asia by making use of her close ties.

Training vision of Turkish Air Force is to provide satisfactory, cost-effective and high quality training to ally and partner countries in a sustainable manner. Therefore, its investment in training is promising, ambitious and embraces all countries.

In terms of training ability and capability, Turkey possesses one of the largest capacities in NATO.

Those capacities include 167 aircraft and 7 squadron to ensure continuous and high tempo flight training. We do provide technical vocational training through 10 schools of aviation with approximately

300 staff.

Turkey is one of the prominent countries that can deliver basic pilot training and tactical training together and efficiently.

Due to its geographical location, which is fairly close to almost every country, it offers cost-effective training opportunity both in NATO and international standards.

Turkey constantly increases its training quality by cooperating with other countries rather than competing. In this context, Turkey takes part in various international training programs. These are Euro-NATO Joint Jet Pilot Training (ENJJPT), Red Flag and Maple Flag exercises, NATO Tactical Leadership Program (TLP) and various multinational exercises that I won't name here. They help us to diversify our own training program and sustain international standards.

Turkish Air Force has been engaged with the fight against terrorism for a long time. We have developed our own procedures and particularly excelled in precision engagement. This resulted in all all-weather, day and night capable Air force.

Experiences from these engagements are immediately imported to Anatolian Eagle and ISIK exercises to provide conceptual permanence. We train as we fight. Besides, we use the information and experience that we gained from other counties to contribute to the development of our training format.

Now I would like to mention specifically about two multinational flight training programs. First one is for basic pilot training and called Multinational Military Flight Crew Training Center. Second one for advanced tactical training is our well-known Anatolian Eagle.

As I already have stated nations cut back on their defense spending. NATO has become aware of this trend and thus initiated a project aiming to enhance international cooperation for pilot and crew training using the Smart Defense approach.

With more than 100 years of military aviation experience and more than 60 years of NATO membership, Turkish Air force is leading this smart defense project by establishing Multinational Military Flight Crew Training Center in Turkey by 2015.

Aim of the project is to provide pilot training in NATO and international standards, as well as technical vocational training in support of flight. Also it aims to minimize pilot, flight crew, ground and support personnel training costs by condensing all efforts in one spot.

With this project Turkish Air Force will provide basic and advanced flight training with four different aircrafts. These are namely; KT-1T for basic training track, T-38M for jet advanced training track, CN-235 for transportation track and AS-532 for helicopter training track.

This project advances on three different areas. These are instructor pilot participation, trainer aircraft pool, and available training bases. Turkey has the intention of contributing considerably in each area. Recently, many allied and Partnership for Peace countries has declared their intention to participate.

In flight training, we give in full sense the training in NATO and International standards and want to be the first choice which the countries offer this training in need. In this sense, our work multinational flight training center is continuing rapidly.

The second international training that is being conducted regularly is Anatolian Eagle Training. Anatolian Eagle is one of the best combat training environments with participation of different aircraft types, real and simulated threats, and real time display and evaluation system. In very near future we will be able to add distributed simulators and embedded simulation capabilities.

The aim of Anatolian Eagle Training is to enhance the training level of the participants, by executing multi-aircraft tactical missions in a realistic combat theatre environment. Airspace of 120 NM by 150 NM is being utilized for Anatolian Eagle trainings. This airspace includes Electronic Warfare Test and Training Range with embedded threat simulation systems and tactical range facilities. Dedicated training airspace allows more than 60 assets to employ their tactical maneuvers.

Within a specific scenario; Blue Forces conduct Combined Air Operations (COMAO) attacks twice a day against the targets on the Red Land defended by ground based air defense systems and aggressor aircrafts. Recently, Anatolian Eagle scenarios were enriched by injecting Time Sensitive Targeting (TST), dynamic targeting, Close Air Support (CAS) and Anti Surface Forces Air Operations (ASFAO) missions.

Each mission is monitored by Anatolian Eagle Operations Center through the use of air picture produced by AWACS and ground-based radars. The Air Combat Maneuvering Instrumentation (ACMI) system brings the capability of real-time visualization of all airborne aircraft and realistic post-mission assessments.

Since 2001, thirty five successful Anatolian Eagle Trainings were conducted with participation of 14 countries. With its unique geographic location, the Anatolian Eagle training is not only an important step forward to meet the training requirements but also an initiative to contribute to the international reliance and cooperation by sharing the resources.

Along with Anatolian Eagle training Turkish Air Force is also conducting ISIK exercise for specifically Close Air Support (CAS) and Combat Search and Rescue (CSAR) training every year. The aim of this exercise is to provide training opportunities for tactics, techniques and procedures to increase the proficiency and the level of standardization for Time Sensitive Targeting (TST), CAS, Ground Assisted Air Interdiction (GAAI), Convoy Protection (CP) and CSAR missions.

Distinguished participants,

Today we observe that almost any threat can be dealt with air power. In a foreseeable future, it looks that air and space power will get more burdens. Threats are getting diverse, advanced and unexpected. We need to raise capable forces that can counter a wide variety of threats. We need to provide comprehensive and affordable training solutions in a collective environment. I believe as the aviation leaders of allied and partner countries, we will take the necessary initiatives and provide our forces with whatever needed. We will train as we will fight.

I myself believe the ongoing evolution will transform air power to such an irresistible devastating force that within its second century. By the deterrence it provides, Air and Space Power will make further wars practically impossible just like Wright brothers said more than a century ago. In the future, we need new mind set, new approaches, updated doctrines, strategies, concepts, tactics and capabilities.

Thank you very much for listening. I will be glad to hear your questions.

2

Japan Air Self-Defense Force Overview:
Development of Japanese Air Power

Masaki Oyama | Air Staff College JSADF

I am very honored to participate in this influential Air and Space Power conference and am very happy to share the Japanese perspective on Air Power.

My position is in the Japan Air Self Defense Force, Air Staff College Research Department. Before starting the article, I would first like to briefly explain my organization.

The Air Staff College's charter is to pioneer the future of the Japan Air Self-Defense Force through the research and education of air strategy and tactics. To achieve this vision, we have established three pillars to guide our institution, Wisdom, Justice and Courage.

The Air Staff College has three specific missions. The first mission is to provide officers with the knowledge and the abilities necessary to perform their duties as senior commanders or senior staff officers in the JASDF. The second mission is to conduct research into the operation of large units and the third mission is to provide base support for Meguro Air Base.

Since 2005, our Research Department has worked continuously to better understand the best way to operate and maintain JASDF air power. In fact, the Air Staff College has played the central role in developing and disseminating JASDF doctrine. The Air Staff College also conducts research to further refine our JASDF strategy and tactics, as well as our concepts of air intelligence, logistics, technology, and strategic air defense.

On August 1st, 2014, the JASDF will establish the Air Power Studies Center of Excellence by consolidating the JASDF research organization into the Air Staff College. The mission of this new organization will be to study JASDF operations from the major command-level to the functional unit level. By creating a dedicated research organization focused on maintaining and operating air power, we aim to respond faster to an uncertain future. The Center will also allow us to quickly adapt to any changes in JASDF roles and circumstances that the future may bring. Our goal is for this Center to act as an intellectual hub for air power studies.

This article is composed of three parts. I would first like to illustrate the increasingly tense security environment in the Asia-Pacific Region. Following that, I will provide a brief overview of our organization. Finally, I will describe our future posture by exhibiting an abstract of the FY2014 National Defense Program Guidelines. In doing so I hope to help everyone understand how Japan builds its Air Power.

I. Security Environment

As everyone can see the world is becoming more and more interdependent. As this interdependent grows, the risk that a security issue in one country can quickly spread to other countries grows with it. Emerging nations, such as China and India, are also rising and gaining power. Their increasing power is changing regional power dynamics and is influencing the international community in new ways.

There is also an increasing frequency of so-called "Gray-Zone" conflicts; situations that can neither be accurately labeled peacetime relations nor as major contingencies, but which manifest over various problems related to territorial sovereignty and national interest. Furthermore, our reliable access to the global commons, the sea, air, space, and cyberspace domains that we all share together, has become increasingly at risk and has emerged as a new security issue.

In the vicinity of Japan, there are three primary matters to be concerned about. These are:

a. North Korea's nuclear and missile programs

b. China's attempt to change the status quo through coercion

c. Russia's rising military activity

These are serious issues that bear further discussion. Even though a full scale invasion of Japan is unlikely, the security challenges and destabilizing factors Japan faces are both "diverse and wide-ranging" while being "tangible and acute."

The first matter is North Korea. After the death of Kim Jong-il in 2011, Kim Jong-un, his youngest son, established his regime in a short period of time. Kim Jong-Un's regime continues to uphold his father's "military first" policies and continues to maintain a massive military force.

Kim Jong-un's regime is also proceeding apace with the development of WMD, including nuclear weapons, and the ballistic missiles to deliver them. In addition to their pursuit of these advanced weapon systems, North Korea also maintains large-scale special forces as another means to strengthen its asymmetrical military capabilities.

North Korea has repeatedly heightened tensions in the region by conducting military provocations and through escalatory, provocative rhetoric and behavior against Japan and other countries. As you are aware, in defiance of international norms, it again launched ballistic missiles this past spring.

North Korea's military policies and actions constitute a serious destabilizing factor in the security not only of Japan, but of the international community. Therefore, Japan needs to pay the utmost attention to North Korea's activities.

Next, I'd like to describe the security dilemma with China. China continuously modernizes its military while simultaneously expanding

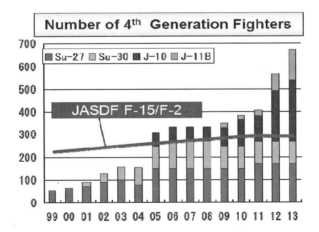

Quotation; Jane's

and intensifying their activities. Furthermore, their lack of transparency concerning their current military status and their decision making processes has the potential to generate doubt and mistrust.

Referring to the chart above, we can see that China's inventory of 4th generation fighters has dramatically increased, and in 2013 became twice the size of JASDF's inventory.

China is also pushing ahead with its modernization program. It has plans to introduce stealthy 5th Gen Fighters, to build more aircraft carriers, to acquire greater Anti-Access / Area Denial capabilities including ballistic and cruise missiles, and to further develop cyber and space warfare capabilities. China continues to build and maintain a large force of nuclear weapons and their associated ballistic missiles. Therefore, Japan needs to pay utmost attention to those China's movements.

In November 2013, China declared it had established an "ADIZ: Air Defense Identification Zone" over the East China Sea. It unilaterally demanded that all nations must comply with this control measure when transiting in the air or on the sea.

Moreover, this year on May 24 and again on June 11, Chinese fighters flew in very close proximity to our SDF aircraft. Like many nations, our aircraft perform ordinary surveillance operations above the high seas, observing international laws. However, on these two occasions the Chinese approached our aircraft without prior coordination and without regard for flight safety. Our government officially protested through the Ministry of Foreign Affairs and involved several high-level diplomats.

During a press conference, our Minister of Defense answered questions about the matter by saying,

"I really hope that the Chinese military authorities and government will truly understand these issues and take proper measures to prevent dangerous situations from occurring. We are hoping to set up a maritime communication mechanism which will serve as a hotline for better communication between the Chinese Navy and the MSDF and between the Chinese Air Force and ASDF. It is vital to install such mechanism which would be useful for the navies and air forces of both countries."

It is very important for both of our countries, Japan and China, to create a bilateral communication mechanism and rules for military aircrafts which flying close each other in the air on the high sea in order to prevent escalation of unplanned and unanticipated encounters in the sky and on the sea.

Lastly, let me quickly cover Russia. Russia began a full-scale military reform effort in 1997 by applying the three standard pillars of reform: downsizing, modernization, and professionalization.

Due to the fact that Russia remains a nuclear power, and that they maintain a considerable number of conventional military forces in the Far East region, and whose operations in the vicinity of Japan

Overlapping ADIZ over the East-China Sea

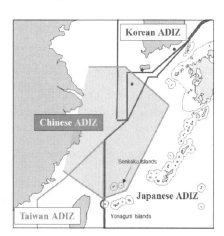

are becoming increasingly active. Their operations were very busy around Japan especially this past spring, we are not sure that those activities are related to the Ukrainian issue or not. Japan must also closely monitor Russian military developments.

II. Japan Air Self Defense Force Outline

The Ministry of Defense is divided into three branches; the Ground, Maritime and Air Self-Defense Forces. The JASDF currently has approximately 50,000 personnel.

The JASDF is divided into five major commands: Air Defense Command, Air Support Command, Air Training Command, Air Development & Test Command, and Air Materiel Command. The Air Defense Command is composed of three air defense forces and one composite air division, each with its own area of responsibility. The Air Defense Command is often considered the heart of our air power and of the JASDF.

Next, I would like to explain our missions. The primary duties of the Self-Defense Force are to conduct Defense Operations, in order to defend Japan against direct and indirect aggression, and to maintain public order when necessary. JASDF is also asked to conduct other duties like reacting to territorial airspace violations, destroying inbound ballistic missiles, transporting Japanese nationals overseas as required, and participating in various international missions.

As mentioned above, one of our duties is to react to violations of Japanese airspace. In recent years we have had to perform this activity increasingly often. As you see in the chart below, the frequency with which we have scrambled to respond to the foreign aircrafts has been rapidly and continuously increasing, especially since 2009. Most of this increase has been against Chinese aircrafts close to our airspace.

The number of JASDF scrambles (per country)

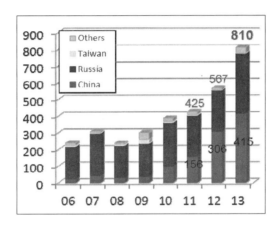

JASDF F-15 intercepted Unknown UAV Sep 9 2014

In one example, on Sept 9th of last year, a JASDF F-15 intercepted an unknown target that was classified as a UAV. You can see the picture below. Furthermore, these activities have mostly been repeatedly occurring in the same specific regions.

China is expanding and increasing its activities. When you take a look at their flight patterns, the area of their activities is gradually shifting further and further towards the Pacific year by year. Therefore, the number of times the JASDF is required to scramble aircraft in response to these activities is increasing. In just FY2013 alone, the JASDF scrambled 415 times against Chinese aircraft, an increase of 306 sorties from the previous year.

In a particularly aggressive move, China has flown sorties that penetrated the first island chain between the main island of Okinawa and Miyako Island. These flights included one Y-8 sortie in July, two H-6 sorties in September, and two Y-8 sorties and two H-6 sorties in October that flew for three consecutive days. Due to the nature of these activities, we need to pay close attention to Chinese military operations.

The JASDF has also been active in international operations. When participating in Peace Keeping Operations, Humanitarian Assistance Operations and Counter-Piracy Operations, JASDF normally takes on an airlift support role. In 2013, we participated in UNDOF in the Middle East and MINUSTAH in Haiti, though those operations have now ended. We are still engaged in the UNIMISS operation in South Sudan and the Counter-piracy operation in the Gulf of Aden.

In terms of participating in disaster relief operations, our most recent activity was with the HA/DR operation in the Philippines. A JTF was organized and the JASDF dispatched C-130s to support the people of the Philippines. We also supported the search for the missing Malaysian airliner, though the operation ended April 28th. As part of standing JASDF policy, we always keep two C-130s on 48 hours alert in order to quickly deploy to support HA/DR operations.

The Japan-U.S. alliance plays a unique role in the JASDF's structure and operations. The Japan-U.S. alliance is essential to not only ensure the peace and security of Japan, but also to enhance multilateral security cooperation.

So far, JASDF has made every effort to implement the force structure realignment of US Forces in Japan. The relocation of Air Defense Com- mand Headquarters to Yokota and the deployment of a TPY-2 X-band radar to Syariki in Aomori prefecture exemplify the JASDF-related structural realignment. A second TPY-2 will be deployed to Kyogamisaki, Kyoto. As part of the realignment, the Aviation Training Relocation program will use several JASDF bases, as well as Guam, for bilateral training between the JASDF and the US. The ATR includes Marine Air Group-12's F/A-18s stationed at Iwakuni. To improve our interoperability we are participating in bilateral training and exercises, such as Red Flag Alaska, Cope North Guam and Cope Angel.

III. Future Structure of The JASDF

First, let me describe our government's efforts to improve our National Security and Defense policy. On December 17, 2013, Japan established it's first-ever National Security Strategy (NSS), approved by the National Security Council and the Cabinet. The NSS takes a long-term perspective and focuses on establishing core diplomatic and defense policies which will support Japan's national interests.

As I am sure everyone involved with national security is aware, it takes considerable time to acquire and integrate new equipment into a defense establishment. Therefore we found that a mid- to long-term perspective is necessary, and we established the new National Defense Program Guidelines (NDPG). These guidelines, in accordance with the NSS, state Japan's basic future defense policy, the roles of our defense force, and identify target levels for specific SDF systems.

In order to meet the targeted levels of specific SDF systems indicated in the NDPG, Japan has also established the Mid-Term Defense Program (MTDP) to guide policy over a five-year time frame. The SDF will generate its annual budget estimate based off the guidance in the MDTP.

The NDPG is a critical document for the Self Defense Forces. Understanding the NDPG will help you understand how JASDF plans to build and structure its Air Power.

(Please see http://www.mod.go.jp/j/approach/agenda/guideline/2014/pdf/20131217_e2.pdf)

As part of Japan's basic defense policy, under the guidance of the National Security Strategy, Japan will contribute more actively than ever before to help ensure the peace, stability, and prosperity of the world while also pursuing its own security and peace through the stability of the Asia-Pacific region. Under this basic principle, Japan will build a comprehensive defense architecture and strengthen its defensive posture in order to prevent, or respond, to various situations. Furthermore, Japan will seek to strengthen the Japan-U.S. alliance.

Based on the defense oriented policy, Japan will efficiently build a highly effective and integrated defense capability. We will further ensure that we do not become a military power that could pose a threat to other countries, while continuing to strictly adhere to the principle of civilian control of the military and the Three Non-Nuclear Principles.

With respect to the threat posed to Japan by nuclear weapons, and in order to maintain and enhance the credibility of the extended deterrence offered by the United States, Japan will both closely cooperate with the U.S. and will undertake our own suitable and appropriate measures, such as ballistic missile defense (BMD), in order to ensure the protection of the people.

To attain the goals established in our basic defense policy, we will take three approaches.

First, in recognizing that a country's security depends first and foremost on its own independent efforts, Japan will make a full-scale effort to prevent various situations. Given the increasingly severe security environment, Japan will build a Dynamic Joint Defense Force, which emphasizes both the soft and hard aspects of power. This Dynamic Joint Defense Force will feature improved readiness, sustainability, resiliency and connectivity and be reinforced by advanced technology and a robust C3I capability. Furthermore we must take into consideration the need to establish a wide range of infrastructure to support the SDF's operations.

Second, in recognizing that the Japan-U.S. Alliance contributes to the stability and prosperity not only of Japan but also of the Asia-Pacific region and the world, we will continue to strengthen our alliance and increase our interoperability.

Third, it is very difficult for a single country to respond to global security challenges on its own. Therefore, Japan will promote various initiatives to improve the global security environment on a regular basis, working in cooperation with the international community. Certainly, Japan will promote close cooperation with the Republic of Korea, which is in a unique position to support the U.S. presence in North East Asia together with Japan. Therefore we will make efforts to establish a foundation to build upon further cooperation with the ROK. For example by concluding an agreement on security information protection and an acquisition and cross-servicing agreement we can better cooperate with each other to enhance regional security.

The NDPG also describes the roles our defense capabilities will perform. Japan's future defense forces must be capable of effectively fulfilling the expected roles and to maintain the necessary posture. In order to deter and respond to various situations, Japan will attach special importance to the functions in the following fields.

Ensuring security of the sea and airspace surrounding Japan

Respond to an attack on remote islands

Respond to ballistic missile attacks

Respond to attacks in space and cyberspace

Respond to major disasters

Additionally, in order to improve the security environment in the Asia-Pacific and throughout the globe, Japan will attach importance to the functions in the following fields.

Sponsor training events and exercises

Promote defense cooperation and exchanges

Promote capacity building assistance

Ensure maritime security

Implement international peace cooperation activities

Cooperate with efforts to promote arms control, disarmament, and nonproliferation

The NDPG also delineates priorities for the SDF. In order to build and maintain an appropriate defense infrastructure, Japan has conducted an analysis to identify the functions and capabilities that should be prioritized in order to pursue a more effective build-up of the defense force. Based on the results of these capability assessments, the SDF will place a priority on ensuring maritime and air superiority, which is the prerequisite for effective deterrence. The SDF will strengthen the following functions and capabilities, taking into account the need to enhance joint functions and interoperability with the U.S. military.:

a. ISR capabilities
b. Intelligence capabilities
c. Transport capacity
d. Command, control, information and communications capabilities
e. Response to an attack on remote islands
f. Response to ballistic missile attacks
g. Responses in outer space and cyberspace
h. Responses to major disasters, etc.
i. Responses focused on international peace cooperation activities and other similar activities

To better explain the principles provided in the NDPG, let us examine one of these roles and priorities. "Ensuring security of the sea and airspace surrounding Japan" is obviously one of the most important roles for the SDF. To accomplish this role, Japan will achieve intelligence superiority via persistent ISR activities in an extensive area surrounding Japan in order to detect any threats at an early stage. Through such activities, Japan will clearly express its resolve to not tolerate any change of the status quo by coercion, and thereby prevent various situations from occurring or escalating. In this particular case, the priority is on ISR. Therefore, in order to ensure effective deterrence and an effective response to various situations, Japan will create an extensive and persistent ISR capability, utilizing unmanned equipment, which can monitor aircraft and vessels in the seas and airspace surrounding Japan.

At the end of the NDPG is the annex table which compares the present and future posture of JASDF. The major changes are represented in red.

Air warning units will be reinforced by one squadron in order to conduct effective warning, surveillance and control in the air. This will allow them to perform over long periods in the event of a "gray zone" situation. Also, the JASDF will reinforce Fighter and Aerial Refueling / Transport units by one squadron respectively

		Present	Future
Major Units	Aircraft Warning & Control units	8 warning groups 20 warning squadrons 1 AEW group (2 squadrons)	— 28 warning squadrons 1 AEW group (3 squadrons)
	Fighter Aircraft units	12 squadrons	13 squadrons
	Air Reconnaissance units	1 squadron	—
	Aerial Refueling/Transport units	1 squadron	2 squadrons
	Air Transport units	3 squadrons	3 squadrons
	Surface-to-Air Guided Missile units	6 groups	6 groups
Major Equipment	Combat Aircraft	approx. 340	approx. 360
	Fighters	approx. 260	approx. 280

in order to provide better aerial defense and to sustain various operations in the air space surrounding Japan. This reorganization will result in an increase to approximately 360 combat aircraft. The fighter inventory will increase to approximately 280 aircraft.

The new Mid-Term Defense Program (MTDP) is written in accordance with the NDPG. I would like to briefly introduce its main elements. The new MTDP prioritizes the development of important functions and capabilities on the basis of the contingencies expected to occur within a five-year time frame.

First, under the initiative to ensure security in the surrounding waters and airspace, we plan to procure four new airborne early warning / control aircraft, improve the E-767, and procure three long endurance UAVs

Second, in order to respond to an attack on our remote islands, a number of initiatives have been developed to ensure air superiority. Those are: acquisition of 28 F-35As, modernization of 26 F-15s, upgrade our F-2s, and acquire three aerial refueling/transport aircraft. Also, to enhance our transportation capability and mobility, we plan to acquire ten C-2s.

Lastly, 2014 is the 60th Anniversary of the JASDF. As we have overcome the difficulties from the Great East Japan Earthquake in 2011, we have proven that we can keep evolving to meet current and future challenges. Also, as a "Proactive Contributor to Peace", and on the basis of international cooperation, we will keep contributing to regional stability and to global peace. Japan will promote close cooperation with the Republic of Korea and a trilateral relationship between Japan, the U.S., and the ROK in order to stabilize not only the Asia-Pacific region, but to also enhance the global security environment.

3

Israeli Air Power in a Changing Strategic and Technological Environment

Gerald M. Steinberg | Bar Ilan University

The commander of the Israeli Air Force (IAF) recently declared that by the end of 2014, the IAF will have increased operational capabilities by 400%, with the ability to strike thousands of terror targets in a single day.[1] "The air force at the end of 2014, in less than 24 hours, can do what it did in three days during the Second Lebanon War, and can do in 12 hours what it did in a week during Operation Pillar of Defense (January 2012)."

This statement reflects Israel's changing threat environment, an emphasis on continuous technological innovation, and impacts on IAF missions and capabilities. In recent years, the threat posed by tens of thousands of rockets in areas surrounding Israel has become the dominant source of strategic concern. These weapons, largely

---

1) Aryeh Savir, "IAF to increase operational capabilities by 400%," *Tazpit*, 05 May 2014 (http://www.ynetnews.com/articles/0,7340,L-4525786,00.html).

acquired from Iran and Syria, are deployed by Hezbollah in Lebanon, by Hamas in Gaza, and by Islamist forces that have taken control of significant areas of the Sinai Peninsula, due to the weakness of the Egyptian government. At longer ranges, the Iranian strategic missile threat is also part of the Israeli threat assessment.[2]

Such large scale operations to suppress or destroy the storage locations, launchers and command and control facilities of rockets located in areas surrounding Israel are among the major missions faced by the Israeli Air Force in the 21st century, and the requirements have played an important role in determining force structure, technology, and training.

As the main operational arm of the Israel Defense Forces (IDF) in a highly unstable and rapidly changing region, the IAF has a number of additional missions. It is often tasked with complex single sortie missions against high value targets, as illustrated in 2008, when aircraft destroyed the Syrian al Kibar nuclear facility under construction, (based on extensive cooperation with North Korea). In addition, during the past two years, IAF operations in Syria and Lebanon disrupted the transfer of major strategic capabilities ("game changers"), such as advanced anti-aircraft and anti-ship weapons from the Assad regime to Hezbollah.

A third mission requires involves the capability to launch long-range strikes (beyond 1600 km) in order to damage the illicit Iranian effort to acquire nuclear warheads. If a unilateral Israeli strike were necessary, following the failure of the US-led negotiations with the government in Teheran, this probably involve significantly more than the single sortie used to destroy the Iraqi reactor at Osiraq

---

2) Aryeh Savir, "IAF to increase operational capabilities by 400%," *Tazpit*, 05 May 2014 (http://www.ynetnews.com/articles/0,7340,L-4525786,00.html).

in 1981, or the Syria facility in 2007. Demonstrations of the ability to carry out such attacks are also important in strengthening deterrence, and are seen as one of the factors which led Iran to agree to negotiations. In 2013, the Israel Air Force held a long-range drill over the Mediterranean, including air-to-air refueling and simulated dogfights involving large numbers of aircraft. This exercise was given unprecedented publicity, presumably as a form of deterrence and warning of a potential pre-emptive attack against the illicit Iranian nuclear facilities.[3]

The emphasis on deterrence and pre-emption result from Israel's geographic and demographic vulnerabilities, asymmetries, and the resulting existential threats. In relation to the Arab countries and Iran, Israel's strategy is determined by the very small territorial extent, demography, difficulty in obtaining weapons, and sensitivity to casualties.

Geographically, Israel has no **strategic depth**, and with narrow borders and small territory, there is no room to absorb a major ground invasion, retreat and regroup for a counterattack. A major attack from the East (Jordan and Iraq), North (Syria), or South (Egypt) that penetrates Israeli defenses would reach metropolitan Tel Aviv and Israel's Mediterranean coast in a few hours, ending national sovereignty. Few countries in the world are as vulnerable as Israel, leading directly to military strategies that emphasize preemption and deterrence.

Israel's relatively small population and the inherent **asymmetry** in this dimension of the conflict reinforce its vulnerability. Between 1948 and the end of 2013, over 26,000 Israelis were killed in wars

---

3) Gili Cohen, "Israel Air Force holds long-range drill over Mediterranean," *Haaretz*, Oct. 10, 2013.

and terror attacks.[4] While Israel's population has grown from 600,000 to more than 8 million between 1948 and 2014, the "confrontation states" involved in the conflict have combined populations exceeding 100 million.

This has resulted in a strategic emphasis on **preemptive strikes**, as illustrated in the 1956 and 1967 general wars, as well as the 1982 and 2006 Lebanon conflicts, the 2008/9 and 2012 Gaza confrontations, attacks against nuclear facilities in Iraq (1981) and Syria (2007), and the disruption of advanced weapons transfers from Syria to Hezbollah (2012-3).

In parallel, Israeli decision makers are continuously seeking to enhance **deterrence capabilities**, currently with respect to Iran, as well as confrontations with terror groups, such as Hezbollah, Hamas and Islamist groups related to al Qaida.

In addition, **technological innovation** is necessary to provide an ongoing qualitative advantage, has been a central element of the Israeli air strategy. Although the US has been the primary external supplier of weapons systems and technology, Israel has also created indigenous development and production capabilities to ensure the availability of advanced systems. In some areas of military technology, such as precision guidance weapons, unmanned airborne vehicles (UAVs), space-based platforms for intelligence and communications, and other forms of advanced electronics, Israel has become a world leader. This technological innovation and self-reliance has further boosted Israeli security capability in what was and remains a high-threat regional environment.

---

4) Israeli Institute of National Insurance "968 Civilians killed in hostile acts in past decade, 17,00 wounded," http://www.btl.gov.il/About/newspapers/Pages/yomZikaro 2010.aspx(2010, accessed April 2011).

In the following sections, the strategic and technological require-
ments of each of these central missions will be examined in greater
detail, in order to understand the evolution of the Israeli Air Force
in the early 21st century.

I. The IAF's Primary Missions: Deterrence, Pre-emption, Suppression, and Escalation Dominance

Israel's extreme vulnerability, and the asymmetry of the military
relationship was highlighted in the first Arab-Israel war (1948), when
five neighboring Arab armies, seeking to destroy the nascent Jewish
state, invaded the narrow space and were defeated at a very high
cost, in which one-percent of the Jewish population lost their lives.
This war ended with a temporary cease-fire and a continuing state
of war, in which Israel's survival remained under threat.

Jerusalem responded with an emphasis on **deterrence**, acquiring
the weapons, force structure, and seeking to create the perception
of overwhelming and costly response necessary for an effective
strategy. In this period, the small Israeli Air Force was given gradually
increased resources, in order to provide credible operational and
deterrence capabilities vis-à-vis the Arab leaders and military planners.
In building the force structure, an emphasis was placed on **advanced
technology** and **qualitative superiority** to offset Israel's limited
resources and the quantitative asymmetry.

In the crisis that preceded the 1967 war, the IAF launched its
first large-scale operation, **pre-emptively** attacking and destroying
the offensive air capabilities and numerous aircraft on the ground

at the major air-force bases.[5] Using the Israeli technological advantage provided by the French-made jet aircraft and locally produced tactical missiles, the IDF successfully destroyed the air forces of Syria, Egypt and Iraq.

However, these events reemphasized Israeli dependence on a single outside supplier of advanced weapons platforms, as the French government switched sides and abruptly halted the delivery of these vital platforms to the IDF. Israel then turned to the US, which began to sell advanced aircraft, electronics, and tactical missiles (air-to-ground, air-to-air, and other systems). These became the foundation for the Israeli military capability, often enhanced by Israeli inventions and technological add-ons (particularly electronics) to improve performance.

The importance of pre-emptive air strikes at high-value targets, and the limits of deterrence were highlighted in October 1973, when the Egyptian and Syrian armies launched a highly successful surprise attack, penetrating Israeli defense lines and inflicting heavy losses. Israeli intelligence had indications of an impending Arab offensive a few hours before the invasion began, but, under pressure from the United States, Israel did not to launch a preemptive airstrike as it did in 1967.[6] In the wake of this outcome, Israeli deterrence became much stronger against future attack.

Since 1973, the emphasis on deterrence and on flexibility has been central in IAF planning, acquisition and training. At the same time, the threat perceptions and resulting mission priorities changed, particularly following the peace treaty with Egypt in 1979. As a result

---

5) Oren MB, *Six Days of War: June 1967 and the Making of the Modern Middle East* (New York: Presidio Press, 2003).

6) Howard M. Sachar, *A History of Israel from the Rise of Zionism to Our Time* (Alfred A. Knopf, 2007), p.755.

of these events, Egypt ended its role as the leader of the anti-Israel coalition. Without Egypt, a large-scale conventional attack against Israel became far less likely as the other Arab states were too weak to risk going to war. The 1973 war was the last one between the ground forces of Israel and any Arab state.

Instead, the emphasis shifted to responding to terrorism and low-intensity conflict. Large tank formations and mobile ground forces were no longer required, while the role of the IAF continued to increase.[7] As in the conventional dimension, Israel emphasized deterrence and pre-emptive attacks, as well as the use of innovative tactics and advanced technology to offset territorial and other vulnerabilities. As examined in detail below, the IAF focused on developing precision weapons launched from UAVs (unmanned airborne vehicles), as well as UAV's and satellites for intelligence purposes.

These capabilities, as well as the limitations of reliance on advanced and precision technology for air launched missiles aimed at counterforce targets such as missiles, were demonstrated in the 2006 war in Lebanon. This conflict followed a major Hezbollah attack in which two Israeli soldiers were kidnapped, and when the IDF responded, Hezbollah launched large-scale retaliatory missile attacks, inflicting numerous Israeli casualties.

In the first day of the Israeli counterattack, the IAF targeted and successfully destroyed all of the strategic medium-range missiles in the Hezbollah stockpile. 59 Iranian-supplied missile launchers were destroyed in 34 minutes. In the efforts to suppress the launch

---

7) Cohen EA, Eisenstadt MJ and Bacevich AJ., *Knives, Tanks, and Missiles: Israel's Security Revolution* (Washington D.C: Washington Institute for Near East Policy, 1998), *im passim.*

of thousands of short-range missiles during this war, the IAF flew over 12,000 combat missions in five week. However, the effectiveness of these sorties against launching sites, storage areas and command centers was limited. When the fighting ended, the terms of the cease-fire allowed for a quick rebuilding and expansion of the missile threat in southern Lebanon.[8]

A similar process took place in Gaza, following the withdrawal of Israeli forces in 2005, and a violent coup by the Hamas terror group, that took control and expelled the Palestinian Authority in 2007. As in the case of Hezbollah in Lebanon, Hamas greatly increased the number and range of rocket and mortar attacks against Sderot and other towns in southern Israel. In 2008, there were more than 3,000 such rocket strikes, launched from densely populated civilian centers, including mosques, hospitals and even schools.[9] As a result, on December 28 2008, the IDF launched operation Cast Lead, which was more successful, militarily, than the Lebanon war two years earlier. Once again, the political restraints on IAF responses to terror and asymmetric warfare played a central role.

---

8) See "Hizbullah Weapons in Southern Lebanon," *Ministry of Foreign Affairs*, Jerusalem, 16 July 2009, http://www.mfa.gov.il/MFA/About+the+Ministry/Behind+the+Headlines/ Hizbullah-weapons-in-Southern-Lebanon-16-Jul-2009.htm?DisplayMode=print(accessed October 2011).

9) "The Operation in Gaza: Factual and Legal Aspects," *Ministry of Foreign Affairs*, Jerusalem, July 2009, www.mfa.gov.il/NR/rdonlyres/E89E699D-A435.../GazaOperation. pdf(accessed August 2011). See also "Mortar shells launched from the UNRWA School in Beit Hanoun – YouTube," www.youtube.com/watch?v= Zf6KeMHhO9M(accessed August 2011).

II. The IAF's Pre-emptive Long-range Air Operations

In 1981, in response to Saddam Hussein's illicit efforts to acquire nuclear weapons, Prime Minister Menachem Begin dispatched the Israeli Air Force to attack and destroy the Iraqi reactor. This operation, which was initially condemned by the U.S. and Europe, preserved the Israeli nuclear monopoly for many additional years, and inaugurated the "Begin Doctrine," which declared that no country in the region that maintains a state of war against Israel can be allowed to acquire nuclear weapons. A similar Israeli operation in September 2007 destroyed a secret nuclear production reactor under construction in Syria, with North Korean technology and assistance.

While details of the operation in Syria were not provided by Israel, media reports suggest that that a combination of US-made and Israeli modified F-15I and F-16I aircraft were used, as well as an ELINT (electronic intelligence) aircraft fitted with advanced Israeli-made sensors and related technology, as well as AGM-65 Maverick missiles, and external fuel tanks. According to unconfirmed reports, Israeli special-forces commandos were on the ground to highlight the target with laser designators.

The IAF attack highlighted the Begin Doctrine's potential application to the illicit Iranian nuclear program. Israeli defense officials understand that if Iran succeeds in acquiring nuclear weapons, these will pose a major threat to Israel. Given the intense religious and nationalist foundations of the leadership in Teheran, many policy makers are not optimistic about creating and maintaining a **stable deterrence relationship with Iran**. The radical Islamist core of the Iranian leadership is seen by some analysts as resulting in a greater willingness to take major risks in order to promote revolutionary

and messianic objectives. This mindset is incompatible with a de-
terrence relationship based on maintaining the status quo.

Iran also supports Hamas and Hezbollah, and through them,
could easily become involved in a nuclear crisis with Israel. For
example, if Hezbollah were to launch another series of missile attacks
against Israel, as in 2006, Israel could respond by striking the terror
group's headquarters in Beirut. In that situation, a nuclear armed
Iranian regime would be expected to defend its ally by threatening
major retaliation against Israel.

Unless international sanctions and other methods (including
the spread of computer viruses) succeed in preventing Iran from
crossing the "red line" in development of nuclear weapons, Israel
may invoke the Begin Doctrine by launching a preventive military
operation against Iran's nuclear weapons facilities. While some
analysts have argued that Iran's policy of dispersing and protecting
these facilities from attack (in contrast to the Iraqi and Syrian cases)
would limit the impact of a preventive military operation, others
note that a series of highly accurate air and missile strikes can result
in a lengthy delay in the Iranian effort.[10] Setting back the Iranian
program by 10 or 15 years would, it is argued by some, be enough
to see a regime change in Iran, and give the international community
more time to develop effective defenses.

---

10) Raas W and Long A., "Osirak Redux? Assessing Israeli Capabilities to Destroy Iranian
Nuclear Facilities," *International Security*, volume 31, issue 4(Spring 2007), pp.7-33.

III. Suppression of Short-range Rocket Attacks Against Israeli Civil and Military Targets

In addition to these strategic threats, Israel faces ongoing aggression from Lebanon, launched by the Hezbollah terror organization, and from Hamas-controlled Gaza. Both quasi-states have emphasized the use of rockets against Israeli population centers and the killing and kidnapping of Israelis for use as bargaining chips in negotiations for the release of captured terrorists. In these conflicts, the IAF has central responsibility for suppressing the attacks and destroying these weapons.

However, in both Gaza and Lebanon, the launchers, storage, and command and control facilities are placed in heavily protected in underground facilities, co-located with civilian assets, including houses, schools, and hospitals. As a result, the process of destroying these targets is often slow, and in the 2006 and 2008/9 wars, the rocket attacks, as well as Israeli casualties, continued for six and three weeks, respectively.

In response, the Air Force, in coordination with military intelligence and assisted by expanded space-based data (discussed below), has focused on greatly increasing its operational capabilities against these threats, focusing on greater accuracy and firepower. As noted by the Air Force COS, "Israel can not afford lengthy attacks. We need to win quickly. A short time, in my opinion, is a few days. I do not believe in conducting long wars ···. We're talking about an operation with full power; all of the air force, all encompassing, from the opening of the offensive effort in order to strike as powerfully as possible and shorten the war ···. We can destroy the military capabilities and infrastructure that support the activities of Hezbollah on a scale that would require decades to rebuild. We could achieve a direct hit on the terror organization and all that supports it on an unimaginable scale."11)

The soft-power concerns related to civilian casualties and collateral damage are additional factors in IAF planning. In the face of these challenges, the IAF uses precision strikes to eliminate terror targets, a method which also prevents limited operations from spiraling into wars. "What characterizes our air power is our ability to control its impact, and this is very important during incidents of combat between wars··· Everything is flexible and subject to change. This is the advantage of the air force: the ability to take the hammer that was made for wars and use it in a more limited capacity."12)

IV. Accelerated Technological Change in Air and Space Operations

In order to maintain the significant technological and qualitative advantage necessary to offset the asymmetries and lack of strategic depth, Israel has consistently emphasized technological innovation in its military air and space capabilities. Israel has designed, manufactured state-of-the-art imaging satellites, including the recent launch of a radar reconnaissance platform to provide strategic all-weather and day-night coverage, in addition to the optical imaging Ofeq

---

11) Aryeh Savir, "IAF to increase operational capabilities by 400%," *Tazpit*, 05 May 2014(http://www.ynetnews.com/articles/0,7340,L-4525786,00.html).
12) Aryeh Savir, "IAF to increase operational capabilities by 400%," *Tazpit*, 05 May 2014(http://www.ynetnews.com/articles/0,7340,L-4525786,00.html).

vehicle. In addition, the Israeli Amos satellite provide vital independent space-based communications capabilities, including high-capacity digital links that can be used for military operations.

In air force operations, Israel was a pioneer in the use of unmanned airborne vehicles (UAVs) and drones for a variety of purposes, including surveillance, weapons delivery, and decoys for anti-aircraft systems. After major losses of aircraft due to Soviet SAM batteries in Egypt during the 1973 War, the IAF initiated a major UAV R&D and production effort. The products were operational during the 1982 war, in which the Israeli Air Force deployed first-generation drones for real-time location of Syrian SAM deployments, and as decoys. As a result, Israel was able to destroy the Syria offensive air capabilities, without suffering a single loss.

Israeli UAVs demonstrated the combat advantages of small, inexpensive stealth technology, including three-dimensional thrust vectoring flight control, and jet steering. On the basis of these successes, the USAF and the military forces of other countries entered into joint ventures with the Israeli R&D and manufacturing teams. The jointly developed Pioneer UAV was used by the US extensively in the 1991 Gulf War, and subsequent UAVs in the series were deployed in Afghanistan and Iraq.

The Israeli integration of advanced technology UAVs has continued and accelerated. For example, ground forces in urban counter-terror operations are equipped with small (6.5 kg) hand-launched low-altitude Skylark drone systems which are deployed to provide overhead real-time reconnaissance and early warning, to a a range of 15 km. "The advantage of the Skylark is that it is small, it can fly very close to the ground, and because of that I can see very, very well on the roofs and the open areas ····. I can see if there is a weapon or not, what the color of the t-shirt is;

if there is someone in the window or not."[13]

The extensive use of UAVs in different modes is not primarily designed as a replacement for piloted military aircraft, but rather as a very powerful force multiplier, deployed in parallel to the IAF F-15 and F-16 platforms. Israel also continues to innovate and integrate new technology in its first line manned aircraft, including avionics, targeting, defensive systems, electronics and stand-off weapons. The IAF has contracted for the purchase of F-35 Lightning II stealth fighters (including participation in manufacturing), as well as the V-22 Osprey STOL aircraft.

V. Asymmetry, Deterrence, and Innovation: A Forward Look

As demonstrated, the IAF has been able to offset the inherent asymmetries and maintain deterrence through pre-emption and deterrence, emphasizing advanced technology and qualitative superiority, including extensive space assets and UAVs.

However, the emergence of Iran as a major strategic threat, the unprecedented regional instability, the proliferation of technologies that enable terror groups to launch deadly attacks on the civilian population, and the decline of the US as a reliable guarantor are eroding the IAF's strategic superiority. In the past, the IAF has the major source of Israeli escalation dominance that has reduced

---

13) Mitch Ginsburg, "Hand-launched drone watches over troops in search for teens," *Times of Israel*, June 18, 2014(http://www.timesofisrael.com/hand-launched-drone-watches-over-troops-in-search-for-teens/).

the degree of instability and dangers. For example, in 1973, following the Syrian launch of a Frog missile against an Israeli airbase, the IAF responded by destroying the Defense Ministry in Damascus, and Syria opted not to respond.

Escalation dominance, based on the credibility of Israeli threats, has provided a degree of general as well as immediate (crisis) deterrence, and also dissuaded the Arab states from employing missiles or risking the response of attacks on Israeli population centers. During the 1991 Gulf War, strategic superiority was also important in the Iraqi decision against using chemical and biological weapons.

However, the proliferation of advanced technology in the region, including chemical weapons and the Iranian nuclear program, undermines Israel's escalation dominance and deterrence.

In addition to the challenges posed by Iran, the unprecedented political changes taking place in the region are having unprecedented impacts on the Israeli security environment. The deployments of thousands of rockets with increasing range in Lebanon and Gaza are ongoing threats. In addition, instability in Egypt, civil war and the potential replacement of the Assad regime in Syria, and the growth of the Sunni Jihadist insurgency in Iraq, will have major implications for Israel. Numerous scenarios examine aggressive increased terrorism and the emergence of radical leaders who would again use conflict with Israel as a means of consolidating and extending their support. Although it is far too early to predict the nature of the new political and strategic order that will eventually emerge from the changes, the inherent asymmetry and lack of strategic depth that define Israel's security will not change. Thus, the combination of prevention, preemption, and deterrence are likely to remain the principal Israel strategies, despite the limitations of each approach. Technology will continue to be crucial to partially offsetting Israel's

territorial and other limitations. As in the past, these factors will
have to be adjusted to the regional conditions and threat environment
that are formed. The degree to which Israeli leaders and decision
makers are successful in making these adjustments will determine
the ability of the Jewish state to continue to survive in a hostile
environment.

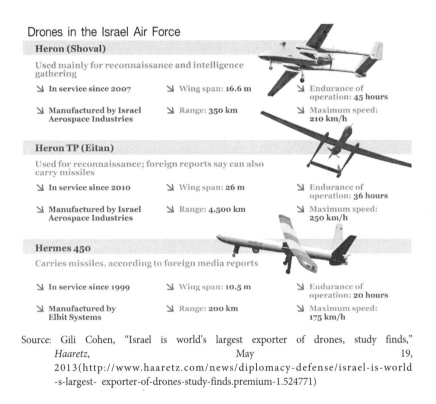

Drones in the Israel Air Force

Heron (Shoval)

Used mainly for reconnaissance and intelligence gathering

↘ In service since 2007

↘ Wing span: **16.6 m**

↘ Endurance of operation: **45 hours**

↘ Manufactured by Israel Aerospace Industries

↘ Range: **350 km**

↘ Maximum speed: **210 km/h**

Heron TP (Eitan)

Used for reconnaissance; foreign reports say can also carry missiles

↘ In service since 2010

↘ Wing span: **26 m**

↘ Endurance of operation: **36 hours**

↘ Manufactured by Israel Aerospace Industries

↘ Range: **4,500 km**

↘ Maximum speed: **250 km/h**

Hermes 450

Carries missiles, according to foreign media reports

↘ In service since 1999

↘ Wing span: **10.5 m**

↘ Endurance of operation: **20 hours**

↘ Manufactured by Elbit Systems

↘ Range: **200 km**

↘ Maximum speed: **175 km/h**

Source: Gili Cohen, "Israel is world's largest exporter of drones, study finds,"
Haaretz, May 19,
2013(http://www.haaretz.com/news/diplomacy-defense/israel-is-world
-s-largest- exporter-of-drones-study-finds.premium-1.524771)

Combat Aircraft

Model	Quantity	In service	Since	Notes
Advanced multi-role				
• F-16 I (Soufa)	100	100	2004	
• F-16 2020	1	1	2010	
• F-16 C/D (Barak)	135	135	1990	Being upgraded to 2020 standard.
• F-16 A/B (Netz)	107	107	1980/1986	To be phased out
• F-15 I (Ra'am)	25	25	1998	
Subtotal	368	368		

Updated on 08/05/2012   15

Satellites:

Israel

Model	Type	Notes
• Ofeq	Reconnaissance	Currently deployed Ofeq-5, Ofeq-7 and Ofeq-9
• Eros	Reconnaissance	Civilian derivate of Ofeq, currently Eros-1B
• TECHSAR	Reconnaissance	SAR imagery satellite, known as "Ofeq-8", 260kg, 550 km in orbit
• TechSat	Research	Civilian
Satellite launcher		
• Shavit	SLV	
Future procurement		
• Shalom	Remote sensing	Multi-spectral satellites, in cooperation with Italy.
• Nano-satellites	Reconnaissance	Optical satellites with 1.5m resolution
• Amos-4,6	Communication	Civilian-owned satellites. To be launched in 2013 and 2014 respectively
• MILCOM	Communication	

Source: INSS Military Balance Files(http://inss.web2.moonsite.co.il/uploadimages/SystemFiles/
    israel-2012.pdf)

제 2 부
한반도 안보환경과
항공우주력의 전략적 공헌

4

한국공군의 원거리 전력투사능력과
한반도 안보에의 함의

홍성표 | 아주대학교

I. 서언

전쟁에 관한 연구는 국제정치학의 매우 중요한 연구 분야로서 인류역사
와 함께 지속돼왔다. 기원전 480년에 아테네와 페르시아 간에 벌어진 살라미
스해전과 그로부터 반세기 후의 펠로폰네소스전쟁이 오늘날까지도 끊임없
이 활발하게 연구되고 있음이 이를 입증하고 있다. 굳이 로마의 전략가 베
제티우스의 격언 "평화를 원하거든 전쟁에 대비하라"는 구절을 인용하지 않
더라도 전쟁연구의 가치와 중요성은 시대와 공간을 뛰어넘어 강조돼왔다.[1]

20세기까지만 해도 전쟁 양상은 재래식 무기 위주의 소모전 양상이었다.
하지만 1991년 걸프전 이후 일어난 코소보, 아프가니스탄, 이라크전쟁에서

---

[1] Publius Flabius Vegetius Renatus(http://en.wikipedia.org/wiki/Publius_Flavius_
Vegetius_Renatus).

는 1,000Km 이상을 날아가 표적을 명중시키는 토마호크미사일을 포함한 원거리 정밀타격무기들이 위력을 발휘하는 전쟁양상이 보편화되었다.

이 같은 전쟁양상 변화에 따라 미국을 비롯한 선진각국들은 원거리 전력 투사능력 확보에 진력하게 되었고, 그 결과 급기야는 지구 반대편에서 출격 하여 8,000마일 이상을 날아가 적의 심장부까지 은밀침투하여 전략 중심을 타격하는 스텔스전폭기까지 등장하게 되었다. 이러한 변화에 힘입어 오늘날 전쟁양상은 과거의 대량살상파괴가 불가피한 근접전투 양상을 벗어나 가시 거리 밖에서 적의 중심을 타격하는 원거리 정밀타격전 양상이 가속화되고 있다.

본고에서는 이 같은 전쟁양상 변화 속에 한국공군의 원거리 전력투사능 력과 그것이 한반도 안보환경에 미치는 영향, 특히 한국의 국방에 주는 함의 가 무엇인가에 관하여 살펴보고자 한다. 이를 위해 먼저 한반도 작전환경을 분석하고, 나아가 현대전 양상과 원거리 전력투사의 실상을 살펴본 뒤, 원거 리 전력투사능력이 한반도 안보에 주는 함의에 관하여 논하도록 하겠다.

II. 한반도 작전환경

일반적으로 우리 공군의 항공작전 경계선이 되는 한국방공식별구역(KADIZ: Korea Air Defense and Identification Zone)은 아래 지도에서 보는 바와 같다.

한국방공식별구역은 이 구역 내의 모든 항적들을 긴밀하게 감시하며, 적 성 항공기 또는 미식별 항공기에 대한 식별과 침투 저지를 위한 공중감시 및 조기경보체제를 24시간 유지하는 경계선이다. 외국 항공기가 이 구역내 로 진입하려면 24시간 이전에 우리 합참의 허가를 받아야 한다. 그리고 인 가된 비행계획에 따라 비행할 경우 항공 지도상의 규정된 지점에서 의무적

〈그림 1〉 한국방공식별구역(KADIZ)

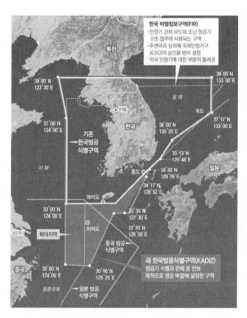

출처: 『동아일보』, 2013.12.9

으로 위치보고를 해야 한다.

한반도의 작전환경은 우리의 영토인 독도와 마라도는 물론 남단의 국가자산 이어도에 이르기까지 여차하면 우리의 주권 수호를 위해 군사력을 투사해야 하는 원거리 작전영역들을 포함하고 있다. 대략 전투행동반경 1,000Km를 필요로 한다.

주변세력들의 전략 중심은 이보다 훨씬 더 원거리에 위치하고 있어 이들과 무력충돌 시 원거리 군사작전이 불가피한데, 이는 전투행동반경 1,500Km를 필요로 한다. 이는 우리의 현재 첨단 전투기들이 도달할 수 있는 작전거리 범위를 훨씬 벗어나 있어서 유사시 우리가 효과적인 군사작전을 수행하기에 많은 제약을 받게 된다.

또한 주변 위협세력들로부터 우리가 지켜야 할 독도와 이어도는 〈그림

〈그림 2〉 해군의 이어도수역 작전 여건

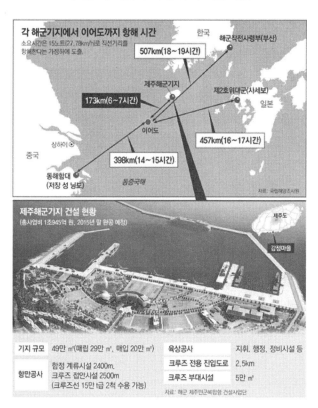

3)에서 보는 바와 같이 우리 첨단전투기들이 겨우 도달하거나 전투행동반경을 훨씬 넘어서는 거리에 위치하고 있어 유사시 실효적으로 방어작전을 수행하기에 상당한 제약을 받는다. 우리의 첨단전투기 F-15K의 경우 독도 상공에서는 30분, 마라도 상공에서는 20분 정도 작전을 수행할 수 있어 유사시 실효적 방어작전을 수행하기에 제한적이다. 최근 정부가 확대 조정한 한국방공식별구역에 대한 방공임무도 충실히 수행하기 위해서는 우리 공군의 원거리 전력투사능력 확대가 불가피하다.

〈그림 3〉 한국공군의 원거리 항공작전 여건

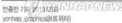

III. 전쟁사에서의 원거리 전력투사

원거리 전력투사 능력의 발전과정을 파악하기 위해서는 항공전의 역사를 되돌아보는 것이 필요하다.[2] 왜냐하면 항공력은 원거리 전력투사의 대표적인 전력이기 때문이다.

제1차 세계대전 초까지만 해도 항공력은 주로 정찰임무를 수행하는데 투입되었다. 적 군사력의 전개 및 병참선을 정찰하여 우군에게 실시간 정보를 제공하는 임무를 주로 수행하였다. 그러다가 조종사들은 권총과 소총으로 무장하고 적기의 정보활동을 차단, 격퇴하기 위해 공중전을 벌였고, 나아가 기관총으로 무장하여 적기를 격추시키는 공중전까지 수행하게 되었다.

전쟁기간 중 독일군은 고타 G.IV 또는 G.V로 런던을 공습하였다. 독일군의 대표적인 폭격기는 고타보다 약간 크게 제작된 Zeppelin Staaken R. VI 였는데, 이는 시속 80마일로 500마일을 날아가 2톤의 폭탄을 투하할 수 있는 능력을 발휘하였다.[3] 반면에 당시 영국공군의 핸들리 페이지 O/400 전폭기들은 약 750Kg의 폭탄을 탑재하고 400마일 적진으로 침투하여 표적을 폭격하는 임무를 수행하였다.[4]

전쟁 후반부에서는 항공기들이 비록 성능은 약했지만 본격적인 공중전투와 종심폭격임무를 수행하는 전투수단으로 등장하였다. 각국들은 경쟁적으로 적지 종심공격을 위한 항공기 생산에 주력하였다. 실제로 1917년에만 독일은 항공기 13,977대와 엔진 12,029대를 생산하였고, 영국과 프랑스는 항공기 28,781대와 엔진 34,755대를 생산한 것으로 집계되었다.[5]

세계 최초로 항공모함이 개발된 것도 이때였다. 영국본토에서 출격한 항

---

2) 홍성표·오충원·나상형 공역, 『아틀라스 세계항공전사』(플래닛미디어, 2012), p.6.

3) 상게서, p.61.

4) Alexander & Malcolm Swanston, *Atlas of Air Warfare* (Sandcastle Books, 2009), p.62.

5) 홍성표·오충원·나상형 공역, 『아틀라스 세계항공전사』(플래닛미디어, 2012), p.66.

〈표 1〉 제1차 세계대전 시 주요 폭격기들

항공기	국가	폭탄적재량(kg)	엔진 수
BE2c	영국	102	1
솝위드 Sopwith $1\frac{1}{2}$ 스트러터 Strutter	영국	118	1
브와쟁 Voisin III	프랑스	150	1
DH4	영국	210	1
브리케 Brequet 14	프랑스	260	1
카프로니 Caproni CA32	이탈리아	450	3
고타 Gotha	독일	500	2
일리야 무로메츠 Ilya Murometz	러시아	800	4
핸들리 페이지 O/400	영국	910	2
카프로니 Caproni CA42	이탈리아	1,450	3
자이언트 Giant	독일	2,000	4

출처: 홍성표, 『항공전의 역사』(플래닛미디어, 2010), p.68

공기로는 항속거리가 짧아 독일의 심장부를 폭격하기가 제한되었다. 또한 영국 본토를 공습하려는 독일폭격기들을 가능한 원거리에서 차단, 격퇴하기 위해서도 항공모함을 필요로 했다. 그리하여 본격적인 항공모함 개발이 시작되었는데, 1917년 7월 영국 해군의 에드윈 더닝 중령은 그의 솝위드 펍 전투기로 순양함 퓨리어스호의 갑판 착륙에 성공했다.[6] 1918년 8월 영국의 순양함 갑판을 이륙한 전투기들은 독일군의 제플린 폭격기들을 차단, 격추시켰다. 이 같은 항공모함의 등장은 원거리 전력투사능력을 한차원 격상시켰다.

1912년부터 개발된 기총은 1915년 프랑스의 가로스(Roland Garros)에 의해 항공기의 프로펠러 사이로 발사하는 기총장치를 개발하여 항공기에 장

---

6) 홍성표·오충원·나상형 공역, 『아틀라스 세계항공전사』(플래닛미디어, 2012), p.78.

착하고 서부전선에 투입되었다. 가로스는 이 기총으로 적 항공기들을 격추시키고 첫 에이스가 되었는데, 얼마 후 적의 기차역을 공격하던 중 피격되어 포로가 되었고 전쟁 말기에 탈출을 시도하다 총격을 받아 사망하였다.[7]

독일의 포커(Anthony Fokker)는 가로스의 기총을 연구해 독일형 기총과 기어(Synchronization Gear)를 개발해 항공기에 장착했다. 이 항공기로 리히토벤(Manfred von Richthofen)과 임멜만 등은 공중전에서 괄목할 만한 전과를 올렸고 독일이 공중우세를 차지하는 포커 스쿠루우지가 한동안 지속되었다.[8]

1916년 베르둥전투에서는 프랑스의 Nieuport 10 같은 경우 윗 날개에 기관총을 장착하여 적기를 공격하였다.[9] 하지만 1917년 4월 리히토벤은 영국의 첫 에이스 라노 호커(Lanoe Hawker)와의 공중전에서 승리한 후 승승장구하여 알바트로스 DIII로 연합군기 21대를 격추시키는 전과를 올렸고, 그가 이끄는 대대는 80여 대의 연합군 항공기를 격추시켰다.[10]

전쟁 말기에 개발된 공중전술 임멜만턴(Immelmann Turn)은 2대의 항공기가 공중전을 벌일 경우 절반의 루프를 그리며 수직 상승하면서 방향을 180도 바꾸어 유리한 위치를 점하여 적기를 후방에서 공격하는 전술이었다. 이때부터 공중전투 양상도 1:1 전투에서 편대군 전술로 전환되게 되었다.

제2차 세계대전은 프로펠러 항공기들의 대 결전장이었다. 항공기는 전쟁에 투입된 지 채 30년도 못 되었지만 이제 전쟁승패의 결정적인 전력으로 자리매김하였다. 전쟁기간 중 유럽과 태평양 전역에서 투입된 항공기들은 대략 90만 대에 달했다.[11] 이 같은 규모만 보더라도 당시 전쟁에서 항공력의 역할이 얼마나 긴요했는지를 알 수 있다.

---

7) 홍성표, 『항공전의 역사』(플래닛미디어, 2009), p.42.
8) 상게서, p.43.
9) Alexander & Malcolm Swanston, *Atlas of Air Warfare* (Sandcastle Books, 2009), p.47.
10) 홍성표, 『항공전의 역사』(플래닛미디어, 2009), pp.46-47.
11) 상게서, p.141.

제2차 세계대전이 발발하기 직전 유럽 제국들의 항공력 전투서열을 보면 아래와 같다.

1) 독일

    제2, 제3항공군(서부전선) (항공기 총 896대+예비전력)

    전투비행단 26개, 전투기 메사슈미트 Bf 109D, 109E, 336대

    구축비행대 5개, 전투기 메사슈미트 Bf 109C 109D, 110, 180대

    폭격비행전대 9개, 전폭기 하인켈 He 111, 드로니에 Do 17, 융커스 Ju 88, 280대

    수트카비행전대 3개, 전폭기 융커스 Ju 87 100대

    예비전력 전투비행단 26개, 신규 훈련 중인 전력 등

2) 프랑스(항공기 총 794대)

    전투비행대대 4개, 모란 솔니에 MS 406 225대

    전투비행대대 2개, 커티스호크 75A 100대

    폭격비행대대 13개, 블로크 MB.210, 155대

    최신항공기 리오레 에 올리비에 451 5대

    나머지 폭격기 블로크 200, 아미오 143 등 240대, 훈련기 59대

3) 영국

    전투비행대대 35개

      모란 솔니에 406 347대

      슈퍼마린 스핏파이어 Mk I 187대

      글로스터 글라디에이터 Mk II 24대

      블렌하임 Mk IF 63대

    폭격비행대대 48개

      비커스 웰링턴 158대

      암스트롱 휘트니스 휘틀리 73대

핸들리 페이지 햄던 169대
브리스톨 즐렌하임 Mk I, IV, 168대
페어리 배틀 340대
공지합동사령부: 비행대대 5개, 웨스트랜드 라이샌더 60대
영국공군 연안사령부
　비행대대 17, 아브로 맨슨 120, 록히드 허드슨 36, 쇼트 선더랜드
　Mk I 40대

4) 폴란드
추격여단 비행대대 5, 항공기 56대(PZL P.11c / PZL P.7A)
육군항공대 비행대대 10개, 항공기 124대(PZL P.11c / PZL P.7A)
폭격기여단 비행대대 9, 항공기 81대(PZL P.37 Los / PZL P.23
Karas)

5) 벨기에: 항공연대 3, 비행대대16, 항공기 233대

6) 네덜란드: 육군 항공여단 항공기 125대

　전쟁기간 동안 주요 전투폭격기들은 일반폭탄을 탑재하고 300~500Km를
날아가 적지 종심을 폭격하고 귀환하는 임무들을 주로 수행했다. 당시로서
는 원거리 전력투사의 대표적인 전력들로써 적의 전략 중심을 타격하는 가
장 효과적인 전력이었다.
　〈표 2〉에서 보는 바와 같이 주요 6개국의 항공기 생산량은 총 890,309대
에 달했다. 특히 유럽과 태평양전구에서 전쟁승리의 주역을 담당했던 미국
은 총 324,750대의 항공기를 생산함으로써 여타 국가들보다 월등히 많은
항공전력을 보유했다.[12] 그때부터 미국은 오늘날까지도 항공력에 있어서

---

12) Alexander & Malcolm Swanston, *Atlas of Air Warfare* (Sandcastle Books, 2009),

〈표 2〉 제2차 세계대전 시 주요국의 항공기 생산량

연도	미국	소련	영국	독일	이탈리아	일본
1939	5,856	10,382	7,940	8,295	1,692	4,467
1940	12,804	10,565	15,049	10,826	2,142	4,768
1941	26,277	15,735	20,094	11,776	3,503	5,088
1942	47,836	25,436	23,672	15,556	2,818	8,861
1943	85,898	34,845	26,263	·25,527	967	16,693
1944	96,318	40,246	26,461	39,807	–	28,180
1945	49,761	20,052	12,070	7,544	–	8,263
총계	324,750	157,261	131,549	189,307	11,122	76,320

출처: 홍성표·오충원·나상형 공역, 『아틀라스 세계항공전사』(플래닛미디어, 2012), p.141

압도적 우위를 유지하고 있다.

　같은 기간에 독일은 189,307대를 생산함으로써 제2위를 기록했고, 소련이 뒤를 이어 157,261대로 3위, 영국이 131,549대로 4위를 기록했다. 당시 항공력의 생산은 곧 전쟁 그 자체였다. 기록에 따르면 영국과 독일은 국가의 존망이 걸린 이 전쟁에서 승리하기 위해 항공력 생산에 경쟁적으로 진력하였는데, 공장을 거의 하루 24시간 가동시켜야 할 정도였다.[13] 또한 적의 항공기 생산능력을 말살하기 위한 폭격작전이 주야간을 불문하고 치열했을 뿐만 아니라, 전쟁 막바지에는 항공기 한 대가 급한 상황에서 적의 폭격이 작렬하는 상황을 극복하며 더 많은 항공기를 생산하기 위해 국가의 모든 산업인력들이 불철주야 항공기 제작공장에 매달려 가동해야 했다.[14]

---

　　p.141.
13) Chaz Bowyer, *History of the RAF* (London: Bison Books Ltd., 1977), pp.80-111.
14) Chaz Bowyer, *History of the RAF* (London: Bison Books Ltd., 1977), pp.112-135; Alexander & Malcolm Swanston, *Atlas of Air Warfare* (Sandcastle Books,

제2차 세계대전은 항공전역의 역할이 더욱 증대된 전쟁이었다. 1939년 9월 1일 독일은 1,600여 대의 최신 항공기를 앞세워 935대의 낡은 항공기로 버티는 폴란드를 파죽지세로 침공했다.[15] 우세한 항공력과 팬저사단을 기반으로 전격전을 구사하는 독일군 앞에 폴란드군은 패퇴를 거듭하였다. 실상 독일의 전격전은 우세한 항공력이 주도한 작전술이었다. 먼저 막강한 항공력으로 전선의 주요 거점을 초토화시킨 후 팬저사단이 진격하여 적지를 점령하는 것이 바로 위력적인 전격전이었다. 결국 한 달 만에 폴란드는 독일과 소련에게 분할 점령당하고 말았다.

1940년 5월 10일 독일은 프랑스와 서남부 국가들을 공략했는데, 이때에도 독일은 우세한 항공력으로 주요 비행장과 교량 등 전략표적들을 먼저 폭격하였고, 전선의 주요 거점들을 항공폭격으로 초토화시킨 후 팬저사단으로 기동하여 전과를 확대하였다. 이 같은 독일의 전격전에 속수무책으로 패퇴를 거듭한 프랑스는 결국 6월 17일 정권 퇴진과 함께 강화조약에 서명하였고 독일은 프랑스 북부를 포함한 유럽의 북부해안 전역을 차지했다.

그 해 8월부터 시작된 영국전투는 사상 처음으로 항공력에 의해 전세가 역전된 전투였다. 당시 독일은 4,074대, 영국은 1,963대의 항공기를 보유하고 있었다.[16] 전투 초기 독일은 영국의 항만과 비행장을 주로 주간에 폭격하였지만 영국 조종사들의 결사적인 반격에 부딪쳐 큰 성과를 거두지 못하자 후반에는 야간에 도심폭격작전으로 전환하였다. 영국은 새로이 개발된 레이더를 이용해 독일보다 우수한 공역정보로 유리한 위치에서 독일군의 공격을 번번이 격퇴시켰다. 결국 히틀러는 영국침공계획을 무기 연기하면서 정복 야욕은 좌절되었고 서부전선에서 수세에 몰리게 되었다. 독일공군은 1941년 5월까지 총 71회의 런던 폭격과 56회의 기타 도심폭격을 감행했다.[17]

2009), pp.140-141; Bill Gunston, ed., *Chronicle of Aviation* (London: JOL International Publishing, 1992), pp.364-449.

15) 상게서, pp.94-96.
16) 상게서, pp.158-159.

1942년 5월 30일 영국은 밀레니엄작전(Operations Millennium)으로 쾰른을 대대적으로 폭격하였다. 총 1,047대의 항공기가 투입되어 그중 870대의 폭격기가 임무를 성공적으로 완수하였고, 43대를 손실하였다.[18] 쾰른시는 폭격으로 초토화되었으며, 6월에도 유사 규모의 폭격이 에센과 브레멘을 대상으로 두 차례나 더 있었다.

1944년 6월 6일 노르망디상륙작전에서도 연합군은 우세한 항공력을 활용하여 상륙에 성공하였다. 독일군사령관 롬멜은 노르망디 상륙에 대응하여 세느강 북부에 배치되어 있던 대부대들을 노르망디로 집결시키고자 했지만, 연합군 항공력의 차단작전에 막혀 전혀 기동할 수가 없었다. 결국 아이젠하워 사령관은 85만 명의 병력과 15만 대에 이르는 무기장비들을 큰 저항 없이 성공적으로 상륙시켰다.

원거리 전력투사의 또 다른 사례는 1945년 8월 히로시마, 나가사키의 원자폭탄 투하였다. 태평양 한복판의 북마리아나 티니안섬을 이륙한 B-29 폭격기는 3,000Km를 비행하여 히로시마와 나가사키에 원자폭탄을 투하하였다. 가공할 파괴력으로 히로시마에서는 7만 명이 즉사했고, 반경 7Km 이내의 건물과 구조물들이 초토화되었다.[19] 3일 후 나가사키에 투하된 원자폭탄으로 또다시 7만여 명이 즉사하자 일본은 더 이상 버티지 못하고 무조건 항복하고 말았다.[20] 과다카날과 태평양군도에서 일본군이 거의 전멸하다시피 했어도 꿈쩍하지 않던 일본은 본토가 원자폭탄으로 불벼락을 맞자 즉각 무조건 항복하였던 것이다.

1950년 6월에 발발한 한국전쟁은 초기에 Yak-9, La-11, Il-10 등의 소련제 항공기와 미국의 F-82, P-51, B-26 등과의 항공전이 주된 항공교전이었

---

17) 상게서, pp.103-104.
18) 홍성표·오충원·나상형 공역, 『아틀라스 세계항공전사』(2012), pp.146-147.
19) Bill Gunston, ed., *Chronicle of Aviation* (London: JOL International Publishing, 1992), p.443.
20) Alexander & Malcolm Swanston, *Atlas of Air Warfare* (Sandcastle Books, 2009), pp.190-191.

다. 미국 주도의 연합군 측은 성능이 우수한 머스텡의 활약으로 전쟁 초반부터 공중우세를 장악했지만, 1950년 11월 중공군의 대거 개입과 함께 소련제 MiG-15 제트기가 투입되면서, 한시적으로 평양, 신의주 공역에서의 공중우세를 상실하기도 했다.[21] 곧이어 미국은 F-80, F-82, F-94에 이어 최신예 제트전투기 F-86을 투입하면서 연합군은 다시 제공권을 확보하였다.[22] F-86과 MiG-15기의 공중전 결과는 110 : 792로 F-86의 압도적인 우세였다.[23] 전쟁 말기에 참전한 항공전략가 존 보이드(John Boyd)는 미그기와의 공중전에서 F-86의 우수한 성능에 매료되었다고 술회하였다.[24]

　연합군 측의 폭격기로는 B-29와 B-26이 운용되었고, 공산군 측은 Tu-2, Il-28 등이 운용되었다. 한국전쟁 시 양측의 항공기 손실은 연합군 측이 1,986대, 그리고 공산군 측이 2,070여 대였다.[25] 한반도에서 약 4천여 대의 항공기가 파괴된 것이다.[26] 미 극동공군사령부 집계에 따르면, 한국전에서 연합군 측은 총 1,040,708쏘티를 비행했으며, 그중에서 720,980쏘티는 극동공군이 담당하였다.[27] 극동공군은 총 1,466대의 항공기를 손실당했는데, 그중 공중전에 의한 손실은 139대였다. 항공작전 중 인명손실도 많아서 1,144명이 사망하고, 306명이 부상당했다. 공산군 측은 거의 3배 이상의 사상자를

---

21) William T. Y'Blood, *MiG Alley*, US Air Force History Museums Program (2000), p.43.

22) 홍성표·오충원·나상형 공역, 『아틀라스 세계항공전사』(플래닛미디어, 2012), pp. 196-197.

23) Spencer C. Tucker, *The Korean War*(Checkmark Books, 2002), pp.22-32. 미그기와 세이버기의 공중전 결과는 문헌마다 차이가 있는데, 제임스 스튜어트는 58 : 850으로 세이버기가 우세했다고 기술하였다. James T. Stewart, *Airpower: The Decisive Force in Korea*(1957), p.287 참조.

24) "K-13 and MiG Alley," in Robert Coram, *Boyd: The Fighter Pilot Who Changed the Art of War*(Back Bay Books, 2000), pp.49-57.

25) 공군본부, 『6·25전쟁 항공전사』(2002), p.784.

26) Robert F. Futrell, *The US Air Force in Korea*(2000), pp.689-711.

27) William T. Y'Blood, *MiG Alley*, US Air Force History Museums Program (2000), p.43.

낸 것으로 추정되었다. 정전 후 김일성은 전쟁결산을 위한 별오리 전략토의에서 패전 이유를 연합군 측의 막강한 항공력 때문이었다고 한탄하였다.

1960년대 후반과 1970년대의 월남전에서 연합군 측은 F-105, F-4, B-52 폭격기 등을 주로 운용한 반면, 공산군 측은 지대공미사일과 MiG-21로 대응하였다. 월남전은 기간 내내 연합군 측이 전반적인 공중우세를 장악한 전쟁이었다.[28] 기간 중 연합군 측의 대규모 항공전역을 보면, 1965년의 롤링썬더작전을 통하여 북베트남군을 공략하였고, 1972년 4월의 라인베커 I과 11월의 라인베커 II 작전을 통하여 북베트남을 압박하고 전쟁 종결을 유도했다.[29]

1973년 10월의 중동전쟁에서는 이스라엘이 수에즈운하를 넘어 공격해오는 이집트공군과 골란고원을 공습하는 시리아공군을 상대로 어려운 항공전을 펼쳐야 했다. 이스라엘은 F-4 팬텀 II와 A-4 스카이호크를 주력으로 이집트의 MiG-21과 Tu-16 및 SA-3, SA-6, SA-9의 지대공미사일과 시리아의 MiG-19, MiG-21, Su-7을 상대로 생사가 걸린 결전에 돌입했다. 초전에 이스라엘은 118대의 항공기를 손실했고, 이집트는 113대, 시리아는 149대, 이라크는 21대의 항공기를 잃었다.[30] 다급해진 이스라엘을 구하기 위해 미국의 공군기들이 이스라엘 국기를 달고 전장에 긴급 투입되었고, 급기야 사우디가 서방에 대한 석유 금수조치를 취하자 양측은 서둘러 정전협정에 서명하였다. 이스라엘 조종사들은 수적으로 우세한 아랍공군기들을 소탕하기 위해 공세적 분열(Offensive Split)과 고속 요요(High-Speed Yo-Yo)같은 항공전술을 개발, 운용함으로써 수적 열세를 만회하고 전쟁을 유리하게 끌어갈 수 있었다.

---

28) 홍성표·오충원·나상형 공역, 『아틀라스 세계항공전사』(플래닛미디어, 2012), pp. 204-205.

29) Alexander & Malcolm Swanston, *Atlas of Air Warfare* (Sandcastle Books, 2009), pp. 204-205.

30) 홍성표·오충원·나상형 공역, 『아틀라스 세계항공전사』(플래닛미디어, 2012), pp. 206-211.

1981년 6월 7일 이스라엘공군에 의한 이라크 오시락원자로 폭격작전은 가장 성공적인 원거리 항공작전으로 평가받고 있다. 이스라엘공군은 전면전으로 확전가능성을 피하고 목표물만을 정확히 파괴하기 위해 8대의 F-16과 6대의 F-15로 공격편대군을 구성하여 시나이반도의 남부로부터 바그다드 인근의 오시락원자로로 은밀 침투하였다. 오시락원자로까지 거리는 570NM로 90분이 소요되었고, 이라크 국경부터는 초저고도로 비행하였다. F-16의 성능상 500NM의 전투행동반경으로 570NM 밖의 목표를 공격 후 안전한 지역까지 귀환하기는 어려웠다. 따라서 원거리 비행을 위해 저속침투(340Knot) 전술로 비행거리를 약 80NM 연장하였으며 귀환 시에는 공중급유를 받았다. 투하된 2,000LBS 폭탄 16발은 모두 원자로 돔과 그 주변 건물에 명중하였다. 채 2분이 안 되는 짧은 시간에 공격이 신속하게 이루어졌기 때문에 바그다드 인근의 지대공 미사일과 요격기들은 미처 대응할 새가 없었다. 이 공격으로 이라크의 핵 개발계획은 폐허가 된 채 오늘에 이르고 있다.

1982년 4~6월의 포클랜드전쟁은 영국의 해리어기 및 아브로 벌컨기와 아르헨티나의 다쏘 수퍼 에땅다르와 미라지 전투기가 결전을 벌인 한판 승부였다. 특히 공대함미사일들의 위력이 드러난 전쟁이었는데, 영국은 구축함 2척을 포함해 총 7척의 함정이 엑조세미사일 공격으로 침몰하였고, 아르헨티나는 9척이 침몰되었다. 양국은 악기상하에서 치열한 항공전으로 승부를 추구했는데, 영국은 총 35대의 항공기(24대는 헬리콥터 포함)를 손실했음에 반해 아르헨티나는 총 100대의 항공기(헬리콥터 25대)가 파괴되었다.

1982년 6월의 레바논전투에서 이스라엘은 F-15, F-16의 최신예기로 무장하고 E-2C, EC-707과 같은 전자전기를 운용하여 시리아의 지대공미사일들을 무력화하면서 MiG-23, MiG-25, Su-20으로 무장한 시리아공군을 단숨에 제압하였다. 이 전투에서 이스라엘은 단 2대의 항공기를 손실당하면서 80대의 시리아 항공기를 파괴시키는 전과를 올렸다.[31]

1986년 4월 14일 미국이 리비아의 카다피 관저를 심야에 공습한 '엘도라

---

31) 상게서, p.211.

도 캐년 작전'도 원거리 전력투사의 대표적인 작전이다. 카다피는 미군들이 즐겨 찾는 베를린의 디스코클럽에 대한 폭탄테러공격과 270명이 사망한 영국의 로커비 팬암항공기 테러공격의 배후인물로 지목되었다. 응징보복작전으로 미국은 24대의 F-111을 포함한 F-14, F-18 등 총 53대로 구성된 공격편대군을 영국에서 출격시켜 지브롤터를 지나 지중해를 횡단하여 카다피의 관저를 폭격하였다. 비행거리 총 약 5,500마일에 공중급유 6회, 14시간 30분을 비행한 원거리 전력투사작전이었다. 이 작전으로 경악한 카다피는 이동 텐트를 전전하며 은둔생활로 전환하였다.[32]

1991년 걸프전에서는 원거리 정밀타격전 양상이 더욱 극명하게 드러났다. 미본토에서 출격한 B-52폭격기는 지구 반바퀴를 돌아 이라크의 표적들을 바로 공격하였다. B-52에서 발사되는 ALCM-C 미사일과 걸프만의 미 전함에서 발사하는 사거리 1,000Km의 토마호크미사일, 그리고 전투기들에서 발사되는 140Km 사거리의 Pop Eye 공대지미사일 등은 수백킬로미터를 날아가 표적을 명중시키는 위력을 발휘했다. 이때 주로 운용된 전투기들은 F-15C, F-16, F-111F, F-117, EF-111, F/A-18, F-14, F-4G, A-6 등이었다.[33]

1999년 3월에 일어난 코소보전쟁에서는 항공전역만으로 수행된 전쟁이었다. 한층 더 발전된 첨단 원거리 정밀타격 무기체계들이 전장에서 뛰어난 성능을 발휘했다. 이때 운용된 항공기들은 A-10 Thunderbolt, AC-130 Spooky, AH-64 Apache, AV-8B Harrier, B-1 Lancer, B-2 Spirit, B-52 Stratofortress, E-3 Sentry, E-8 JSTARS, EA-6B Prowler, F-104 Starfighter, F-117 Nighthawk, F/A-18 Hornet, F-14 Tomcat, F-15 Eagle, F-15 Strike Eagle, F-16 Fighting Falcon, F-4 Phantom, Harrier Jump Jet, L-1011 TriStar, Mirage 2000, MQ-1 Predator, Panavia Tornado, Panavia Tornado

---

32) http://www.airforcemag.com/magazinearchive/pages/1999/march%201999/0399 canyon.aspx (2014.6.17).

33) James Winnefeld, Preston Niblack, Dana Johnson, *A League of Airmen* (RAND, 1994), p.303.

ADV, SEPECAT Jaguar 등이었다.[34]

2001년 10월 7일에 알 카에다 소탕 및 탈레반 정권 축출을 목표로 시작된 아프가니스탄전쟁에서는 코소보전에서 운용되었던 원거리 무기장비들이 대부분 그대로 사용되었다. F-15와 F/A-18에서 투하하는 정밀유도무기로 카불을 포함한 주요 전략거점들의 표적들이 파괴되었다. 또한 토마호크미사일과 아파치헬기를 이용하여 산악지역에 위치한 알 카에다 및 탈레반의 군사기지들을 거의 일방적으로 공격하여 초토화시켰다. 아프간전쟁에서는 특히 내륙 깊숙이 위치한 산악지형의 탈레반 거점들과 알 카에다의 은둔지까지도 공격해야 했으므로 원거리 정밀타격무기들의 역할이 더욱 중요시되었다.

2003년 이라크전쟁에서는 제공권을 장악한 다국적군이 B-1, B-2, B-52와 같은 전략폭격기들을 운용하여 이라크 내의 주요 표적들을 효과적으로 무력화시켰다. B-52의 경우 80발의 합동직격탄(JDAM)을 탑재하고 적진에 침투하여 표적들을 공략하였는데, 이는 과거 75대의 공격편대군이 담당했던 표적들보다도 5배나 더 많은 표적들을 공격할 수 있는 능력이었다.

이상에서 살펴본 바와 같이 항공전의 역사는 곧 원거리 전력투사의 역사를 보여주고 있다. 1903년 라이트형제가 항공기를 개발한 이후 혁신적인 발전을 거듭한 항공력은 오늘날 전장에서 주도적인 역할을 수행하며 전쟁승패의 결정적인 전투력으로 자리매김하였다. 특히 인명 중시 사상이 팽배해지고 있는 오늘날 원거리 전력투사의 중요성은 더욱 증대되고 있고, 이 같은 추세에 부응하여 선진 각국들은 항공력을 이용한 원거리 정밀타격능력 향상에 주력하고 있다.

---

34) Wesley Clark, *Waging Modern War: Bosnia, Kosovo, and the Future of Combat* (Public Affairs, 2001); Benjamin Lambeth, *NATO's Air War for Kosovo* (RAND, 2001); Tim Judah, *Kosovo: War and Revenge* (Yale Nota Bene Book, 2002).

IV. 현대전 양상과 원거리 전력투사능력[35]

　1991년 걸프전 이후 21세기 전쟁양상은 원거리 정밀타격전 양상이 보편화되었다. 첨단 항공우주력의 발달로 한국전이나 월남전에서처럼 대규모 병력에 의한 근접전투는 이제 거의 찾아보기 어렵다. 앨빈 토플러가 분석했듯이 전쟁 패러다임은 이제 대량살상대량파괴의 산업화시대 전쟁양상에서 원거리 정밀타격전의 정보화시대 전쟁양상으로 바뀐 것이다.[36]

　또한 과거에는 적 항공기를 공격하려면 대부분 적기의 후방으로 접근하여 공격해야 했지만 전방발사 미사일들이 개발된 이후에는 구태여 적기의 꼬리를 물려고 벌이는 공중전(Dog Fighting) 전술이 불필요하게 되었다. 이는 조종사들에게 있어서 매우 중요한 전술적 변화였다.

　항공기들의 원거리 공격능력 못지않게 중요한 것이 항공기에 장착하는 무기장비들의 사정거리 증대이다. 포클랜드전쟁에서 운용된 엑조세미사일은 사정거리가 45Km에 불과했지만 오늘날 토마호크는 1,500~2,500Km까지 날아가 표적을 정확하게 명중시킨다. 이외에도 현재 첨단 항공무장인 AGM-120은 사정거리가 60Km, AGM-7은 45Km, Aim-9은 4.5Km에 이른다. 인간의 시정거리가 약 10Km인 점을 고려하면 이들 무기들은 가시거리 범위 밖에 있는 표적들을 직접 공격할 수 있는 성능들을 발휘하는 것이다.

　이 같은 원거리 공격능력의 신장은 오늘날 현대전의 치명성을 더욱 강화시켰다. 인간들의 제한된 인지능력을 첨단 무기장비들이 대행하며 그것도 인간의 능력보다 훨씬 더 확대된 성능들을 발휘한다. 첨단 무기장비에서 뒤처지면 적이 어디에서 공격하는지도 모른 채 피격당하는 시대가 된 것이다.

　이 같은 현대전 양상의 특징들을 살펴보면 다음과 같다.

---

35) 이 파트는 필자의 "21세기 전쟁수행개념과 국방력 발전방향(합참, 2004)"을 보완한 내용임.

36) Alvin & Heidi Toffler, *War and Anti-War*(Warner Books, 1995).

1. 현대전 양상

1) 첨단 정보전

현대전은 먼저 사이버전을 통하여 적의 정보능력을 마비시킴으로써 적으로 하여금 전쟁목표를 상실하고 오합지졸이 되게 만든다. 또한 아측의 정보능력은 극대화하여 실시간 전장정보를 공유하면서, 고도의 정밀유도무기로 적 중심을 정확하게 타격하여 전략적으로 마비시킴으로써 전쟁을 승리로 종결짓는다.

오늘날에는 특히 지구항법장치(GPS)가 발달하여 적의 이동표적이라 할지라도 정확한 표적정보를 타격수단과 지휘부에 지속적으로 제공함으로써 시간변화에 상관없이 4차원 전쟁을 수행할 수 있다. 그것이 바로 첨단 정보전이다.

2) 네트워크중심전[37)]

21세기 전장환경의 특성 중 하나는 네트워크중심전이다. 베트남전까지만 해도 각군은 긴밀한 합동작전체제를 갖추지 못하고 각군별 작전체제로 전쟁을 수행하였다. 하지만 오늘날에는 센서와 타격수단들 모두가 첨단 네트워크로 연결되어 전장의 모든 요원들이 동시에 같은 정보를 공유하며 동일목표를 향하여 작전을 수행한다. 항공기와 항공작전본부와의 네트워킹은 물론 해역작전사령부와 함정 간에도 네트워킹으로 실시간에 표적정보를 공유하며 적합한 타격수단을 네트워킹하여 적을 공략하는 것이다. 전쟁지도부와 군사지휘부, 함정과 전투폭격기, 미사일, 방공포 등이 네트워크로 연결되어 긴밀히 협조된 작전을 수행할 수 있다.

---

37) David S. Albert, eds., *Network Centric Warfare: Developing and Leveraging Information Superiority* (Washington, DC: DoD C4ISR Cooperative Research Program, 1999), pp.87-114.

3) 병행전

병행전은 다수의 표적을 거의 동시에 타격하는 개념으로써, 토마호크와 같은 원거리 정밀타격미사일과 첨단 항공우주무기체계의 발달로 인하여 가능하게 되었다. 과거에는 병행전 수행을 위해 약 40~75대의 전투폭격기들로 공격편대군을 구성하여 적진으로 침투, 표적들을 타격하였지만 스텔스전폭기들이 등장하면서 B-1과 B-2는 2천 파운드짜리 정밀유도폭탄 16발을 장착하고 전장에 투입되어 16개의 주요 표적들을 거의 동시에 효과적으로 공격하는 병행전을 수행하고 있다.

이라크전에서는 초전 3일 동안 460발의 토마호크 미사일이 집중 발사되어 주요 표적들을 거의 동시에 타격하였다. 또한 스텔스전폭기를 비롯한 전략폭격기들이 투입되어 이라크의 주요 전략표적들을 거의 동시에 효과적으로 공략함으로써 성공적인 병행전을 수행하였다.

4) 항공우주전

21세기 전장의 주도적인 변화요인은 무엇보다도 첨단 항공우주력의 역할 증대에 기인하고 있다. 1967년 6월 5~10일에 이스라엘공군기들은 조조기습으로 이집트의 410여 대에 이르는 항공기들을 개전 후 4시간 만에 격멸하여 전장을 압도하였다. 1982년 포클랜드전에서 영국군은 유도 어뢰와 미사일로 아르헨티나의 순양함과 초계정을 일거에 격침시켰고, 아르헨티나도 엑조세미사일로 영국의 구축함 셰필드호와 수송선 아틀랜틱 컨베이어호를 격침시킴으로써 항공무기체계의 위력을 과시하였다. 1991년 걸프전에서는 다국적군의 첨단 항공우주력이 대규모 병력의 이라크군을 단숨에 제압하였다. 1999년 코소보전에서 나토군은 세르비아유고군을 항공우주력으로 정밀타격하여 굴복시켰다. 아프간전과 이라크전에서도 항공우주전역의 역할은 결정적이었다.

5) 무인로봇미사일전

걸프전 이후의 현대전장에서는 각종 미사일과 무인기들이 대거 활약하고 있다. 제프리 바넬이 '미래전'에서 예견했던 것처럼, 이제는 10만 불 내외의 고성능 미사일들이 전쟁에 대거 투입되고 있다.[38]

무인기들도 이전의 감시정찰 임무만이 아니고 이제는 공격 및 폭탄 제거 등 다양하고 복잡한 임무들도 곧잘 수행하는 고성능 무인기들이 투입되고 있어 현대전쟁은 가히 무인로봇미사일전이라고 해도 과언이 아니다.

6) 원거리 정밀타격전

현대전은 원거리에서 정밀유도무기로 표적을 공격할 수 있어 근접전투를 피하면서 전쟁목표를 달성한다. 폽아이(Pop Eye)같은 무기는 사거리가 140Km이며 토마호크미사일은 1,500Km 이상이다. 합동직격탄(JDAM)은 사거리 5~15마일, 원형공산오차 3미터의 GPS/INS 겸용 정밀유도무기들이다. 보통 사람의 가시거리가 7마일 내외임을 감안하면 가시거리 밖에서 공격하는 무기들이다. 원거리 정밀타격능력을 보유한 군사력 앞에서 근접전투용 무기체계로 무장한 군대는 효과적인 대응이 불가능하다.

걸프전에서 사용된 22만 개의 폭탄 중 약 9천 개 가량이 레이저 유도폭탄이었다.[39] 이는 제2차 세계대전 중 1천 대의 항공기와 9천 파운드의 폭탄으로 달성했던 것과 동일한 성과를 걸프전에서는 단 한 대의 항공기와 1개의 2,000파운드짜리 정밀유도폭탄으로 달성한 경우도 있다. 세르비아 내전에서는 16,500개의 폭탄 중에서 거의 7,000개가 정밀유도무기였으며 이것들을 운반한 항공기의 쏘티수는 현격하게 감소되었다.[40]

---

38) Jeffrey Barnett, *Future War* (US Air University Press, 1994), p.166.

39) Thomas A. Keaney and Eliot A. Cohen, *Gulf War Air Power Survey, Summary Report* (Washington DC: Government Printing Office, 1993), p.226.

40) *Air War over Serbia Fact Sheet*, 31 January 2000, p.6.

2. 현대전의 특징들

1) 전장가시화

21세기 전장은 첨단 IT 발달에 따라 전장가시화가 급속도로 이루어졌다. 특히 발달된 지휘통제통신컴퓨터정보감시정찰(C4ISR) 체계의 연동으로 군사지휘부는 지휘소 안에서 전장상황들을 실시간에 시현하여 전쟁을 지휘하게 되었다.

1991년 걸프전 당시 미군의 정보능력은 바그다드 시가의 자동차 번호판까지 식별할 수 있었다. 작전반응시간도 획기적으로 단축되어 사담 후세인이 은닉한 민가를 처음 탐지하여 공격하는 데 걸린 시간은 총 40분이었다.[41] 미군은 현재 이를 9분 이내로 단축시키는 시스템 구축을 추진하고 있다.[42]

2) 집중의 개념 변화

미국의 전략가 필립 마일링거(Phillip Meillinger)에 의하면, 집중의 의미는 과거 대규모 병력과 물자의 집중에서 이제는 효과의 집중으로 그 개념이 근본적으로 바뀌었다.[43] 즉 고도의 정밀유도무기로 원하는 표적을 원하는 시간과 장소에서 정확하게 타격함으로써 적을 무력화시키는 양상으로 전환된 것이다. 과거처럼 대규모 병력과 화력의 집중이 불필요해진 것이다.

3) 충격과 공포(Shock & Awe)

'충격과 공포'는 하늘로부터 감당할 수 없는 위력으로 공습해오는 불벼락과 같은 공포스럽고 충격적인 상황을 의미한다.[44] '91년 걸프전과 '03년 이

41) 홍성표, "이라크전 분석과 군사안보 패러다임 변화," 『국제관계연구』(일민국제관계연구원, 2003), p.49.
42) 미공군 C4ISR본부장 David Deptula 장군과의 인터뷰(2007.6.12).
43) Phillip Meilinger, *10 Propositions regarding Air Power*, US Air Force History and Museums (1995).

라크전에서 사담 후세인 군대와 아프간전에서 탈레반군대가 겪은 상황이 바로 그것이다. 다국적군의 월등히 우세한 항공우주력 앞에 무기력해진 그들로서는 그저 속수무책으로 하늘에서의 불벼락을 피하는 요행을 바라는 수밖에 달리 도리가 없는 충격과 공포의 상황이었다.

4) 스텔스기술

'91 걸프전 시 스텔스기의 등장은 전력 운용개념을 근본적으로 바꿔놓았다. 걸프전 당시 F-117 스텔스기는 총 전투기 580대 중 5%에 해당하는 30대에 불과하였지만 첫 24시간 표적목록의 44%를 파괴하였다. 걸프전 전 기간을 통하여 F-117 스텔스기는 전체 전투비행쏘티의 약 2%를 차지했지만 전체 표적의 43%를 공격하는 성과를 올렸다.[45]

스텔스기가 등장하기 이전의 공격편대군은 대략 40~75대의 항공기로 구성되었다. 4대의 A-6, 4대의 토네이도 폭격기, SAM을 제압하기 위한 4대의 F-4 팬텀기, 이라크 조기경보레이다에 대한 전파방해용 EA-6B 5대, SAM을 제압하기 위해 레이더 추적 미사일을 탑재한 F/A-18 17대, 공대공 방어용의 F/A-18 4대, 방공망을 위한 무인항공기 3대 등 총 41대였으며, 이 중 표적에 폭탄을 직접 투하하는 항공기는 8대뿐이었고 나머지는 모두 경로상 엄호 및 요격임무를 띠고 있었다. 이 중 스텔스기의 출현으로 31대의 지원 전력이 오늘날에는 불필요하게 된 것이다.

5) 효과기반작전

코소보전에서는 평화협정 체결 후에 120여 대의 세르비아 전차들이 코소보지역에서 철수하였는데, 그 전차들은 작전기간 중 시동도 한번 제대로 걸어보지 못하고 은닉해 있다가 철수하였다. 시동을 걸면 미군 JSTARS에 포

44) Harlan Ullman & James P. Wade, *Shock & Awe: Achieving Rapid Dominance* (NDU Press, 1996).

45) Thomas A. Keaney & Eliot A. Cohen, *Gulf War Air Power Survey Summary Report* (Washington DC, 1993), pp.334-335.

착되어 공격당하니까 기간 중 시동도 걸어보지 못한 것이다. 효과기반작전
에서는 이같이 사장된 전력들은 무력화된 것으로 간주한다. 즉, 적 비행장에
전투기들이 살아있어도 활주로가 파괴되어 이륙하지 못하면 그 항공기들은
무력화된 것으로 간주하는 것이다. 과거 같으면 그 항공기들마저 모두 파괴시
켜야 무력화된 것으로 간주하였다. 이처럼 효과기반작전은 불필요한 파괴살
상을 최소화하면서 전쟁목표를 달성하여 전쟁을 승리로 종결하는 개념이다.

6) 신속결전

2003년 이라크전쟁에서는 개전 초부터 항공전역과 지상전역(地上戰役)을
병행하는 신속결전개념을 적용하여 3주 만에 신속하게 바그다드를 점령하
였다. 그동안 미군은 공중우세가 확보되지 않은 상황에서 지상병력을 전투
에 투입한 적이 없었다. 하지만 이라크전쟁에서 적용된 신속결전은 인명희
생을 감수하면서라도 개전 초부터 지상전역을 병행한다는 전략이었다.

'91년 걸프전 이후 미 육군과 공군 간에는 공세(攻勢) 종말점과 반격시점
에 대한 격렬한 논쟁을 벌였다. 미공군은 개전 초 첫 단계는 항공전역에
의해 적의 예봉을 꺾고 저항능력이 일정 수준 이하로 떨어지면 그때 바로
반격에 나서 적을 제압한다는 선(先)항공전역 후(後)지상전역 수행개념을
강조하였다.[46] 반면, 미육군은 전쟁 초기부터 항공전역과 지상전역을 병행
할 것을 주장하였다.[47]

하지만 항공전역과 지상전역의 병행 개념은 초전부터 근접전투를 불사하
겠다는 개념으로써 적 저항의 강도와 관계없이 아측의 인명피해를 무릅쓰고
라도 전과를 올리겠다는 다소 무리한 개념이다. 결과적으로 3주 만에 종결

---

46) Charles Link, *Matured Aerospacepower* (2001). 찰스 링크 장군은 "그동안의 전쟁
   은 반격작전을 위한 준비기간이 과다하게 소모되어 그 기간동안에 적아 모두 불필요
   한 피해를 초래하였다. 하지만 첨단 항공우주력이 발달한 오늘날에는 적의 예봉이
   꺾이면 곧바로 반격에 나서 피해를 최소화하며 전쟁을 조기에 종식시켜야 한다"고
   강조하였다.
47) Chris Shepherd, *Campaign Plan 2001 Status Briefing* (US Joint Forces Command,
   2000)과 미 육군저널, *Perimeters* 를 참조할 것.

된 이라크전에서 2003년 4월 12일까지 연합군 측 사망자는 149명으로 집계되었다.[48] 이는 '91년 걸프전 및 '99년의 코소보전과 비교해볼 때 매우 높은 사상률이다.

3. 원거리 전력투사능력의 촉진자 첨단과학기술 진보

선진 각국들은 지금도 끊임없이 역동적으로 발전하고 있는 새로운 첨단 과학기술 개발에 주력하고 있다. 새롭게 부상하고 있는 군사기술들을 보면, 첫째, 첨단 우주시스템 기술의 발전이다. 미국은 새로운 우주시스템의 구축으로 과거 고위험, 고비용의 전략정보체계인 SR-71을 퇴역시켰고, 기상위성의 운용으로 수많은 기상체크 비행쏘티들을 절감시켰다. 과거에는 항공작전을 수행하기 위해 수많은 기상점검 항공기들을 운용했지만 첨단 기상위성이 등장한 후로는 정확한 기상예보가 가능해졌기 때문에 그럴 필요성이 없어졌다.

둘째, 지구항법장치(GPS)의 운용이다. 오늘날 GPS는 항공기의 원거리 항법은 물론 폭탄과 미사일의 정밀유도장치에도 필수적으로 사용되고 있다. 오늘날 첨단 무인기도 GPS 없이는 임무수행이 불가능하며, 현대전에 있어서 GPS의 효용가치는 실로 지대하다 하겠다.

셋째, 스텔스기술은 적진으로의 은밀침투능력으로서 항공전 전술을 근본적으로 바꿔놓았다. 과거에는 공격편대군 구성 시 적의 방공망을 돌파하기 위해 재밍과 대공제압 임무를 수행할 대규모 전자전기들을 필요로 하였고, 또 이들을 지원하기 위한 공중급유기도 추가로 필요하여 약 45~75대로 편대군을 구성했다. 하지만 스텔스기의 등장으로 대규모 공격편대군 구성은 불필요하게 되었고, 과거 75대의 공격편대군 임무를 오늘날에는 2대의 B-2 스텔스폭격기로 수행하는 시대가 되었다.

넷째, 첨단 항공무장탄약의 개발이다. 공대지공격용 무기들도 과거에 비

---

48) CNN TV 뉴스, 2003.4.12.

해 그 성능이 13~26배나 향상된 것으로 분석되었다.[49] 다섯째, 획기적으로
향상된 공중급유능력이다. 공중급유기는 항공기들의 도달거리를 수배로 연
장시켰으며, 특히 최근 성능이 향상된 KC-135A의 경우 같은 비용으로 급유
능력을 50% 이상 향상시켰다.[50]

　이 같은 첨단 과학기술의 진보는 원거리 전력투사능력을 한차원 격상시
켰다. 거리능력뿐만 아니라 치명성 또한 획기적으로 향상되어 과거처럼 대
규모 전력의 기동을 불필요하게 만들었다. 즉, 첨단 과학기술의 진보는 원거
리 전력투사능력의 촉진자가 되었다.

V. 결론: 한반도 안보에의 함의

　이상에서 살펴보았듯이 미래 한반도 군사작전환경은 원거리 전력투사능
력을 절실히 요구하고 있다. 이는 독도와 이어도처럼 멀리 이격된 도서들의
영유권을 수호하기 위함만이 아니다. 최근 급부상하고 있는 주변세력들의
공세전략과 그들의 급격하게 신장되고 있는 원거리 전력투사능력으로부터
유사시 국가생존을 효과적으로 수호하기 위함이다.

　주변국들은 전투행동반경 2,000Km 이상의 원거리 전력투사능력을 경쟁
적으로 강화하고 있는데, 우리만 안이하게 750Km 전투행동반경에 머물러
안주하고 있다면 그 이상의 원거리 이격지점에서 일어나는 군사상황하에서
무슨 수로 국가자산을 보호할 수 있겠는가.

　이 같은 수준의 군사능력으로는 미래 국방을 제대로 감당할 수 없다. 우

---

49) James C. Ruehrmund Jr., Christopher J. Bowie, *Arsenal of Airpower: USAF
　　Aircraft Inventory 1950-2009* (Mitchell Institute, 2010), p.11.
50) 상게서.

리가 보호해야 할 미래의 국익은 꼭 한반도 연안에만 국한되지 않는다. 이미 여러 차례 반복해서 강조돼왔던 한반도 주변 대륙붕에서의 유전개발과 독도 해역에서의 무력 충돌 또는 해양자원 분쟁, 그리고 자원빈국으로서 오대양육대주를 누비며 무역에 진력해야 하는 우리의 생명선인 해로를 보호하기 위해서도 원거리 전력투사능력은 필수적이다.

무엇보다 더욱 절실한 것은 주변 세력들의 강압적 군사도발에의 효과적인 대비 차원이다. 최근 극우 성향의 주변세력은 천하가 다 알고 있는 역사를 왜곡하여 후세에게 교육함은 물론, 힘만 믿고 영토 야욕까지 노골적으로 드러내고 있다. 이 같은 야욕의 발로로 주변 세력이 우리의 생존을 위협할 때에 우리가 그들의 전략 중심에 결정적인 타격을 가할 수 있는 원거리 전력투사능력을 확보하는 것은 우리의 생존권 수호 차원에서도 절대적으로 필요하다.

최근 주변 세력들은 군사적으로 공세 전략을 강조하고 있고, 무기장비 면에서도 첨단 전투기는 물론 항공모함에다 공중급유기, 장거리 전략타격미사일 등 원거리 전력투사능력 강화에 주력하고 있다. 우리가 이 같은 선진 국방발전 트렌드에 효과적으로 부응하지 못한다면 언제 들이닥칠지 모르는 외부세력의 군사적 위협에 무슨 수로 국가생존을 수호할 수 있겠는가. 거두절미하고 원거리 전력투사능력은 21세기의 효과적인 국가방위를 위해 절대적으로 요구되는 필수 군사능력이다.

현재 우리의 국방커뮤니티는 원거리 전력투사의 대표적인 전력인 한국형 전투기, 일명 보라매사업의 추진을 놓고 갑론을박을 10년 넘게 벌이고 있다. 2020년을 전후하여 심각한 전력공백이 명약관화한데도 사업은 아직 착수하지 못하고 일곱 번째 타당성 연구를 추진 중에 있다. 타당성 조사에만 십수년을 보내는 동안 우리의 공군력은 심각한 전력공백을 우려해야 하는 상황에 직면하였다. 보라매사업은 그동안의 연구결과를 바탕으로 결심하고 추진해야 한다. 한국공군의 원거리 전력타격능력은 보라매사업만으로는 충족될 수 없다. 전투기들이 원거리 작전을 가능하게 하는 공중급유기 도입이 병행되어야 한다.

　주변세력들은 항모와 첨단 스텔스전투기 등 21세기형 원거리 전력투사능력 확충에 진력하고 있는데, 우리는 헬기, 장갑차, 전차, 자주포 등 20세기 근접전투용 무기장비 확충에 그 귀중한 국방재원의 절대량을 소진하고 있다면, 국방 대비 방향에 근본적인 문제가 있는 것 아닌가.

　이 같은 국방 패러다임을 근본적으로 전환하지 않고서는 한국 국방의 미래는 없다. 주변세력들이 모두 원거리 첨단 전력투사능력을 앞세워 국익 극대화를 위해 사방에서 압박해오는데 우리는 상대적으로 빈약한 항공력으로 대응해야 하기 때문이다. 재래식 무기 위주의 군사력으로 주변세력의 첨단 항공우주력을 어떻게 대응할 수 있겠는가.

　원거리 전력투사능력을 논하다 보면 그렇게 고가의 무기장비를 확보하기에는 국방재원이 부족하다는 궁색한 변명을 자주 듣는다. 우리가 매년 10조 원 규모의 재원을 방위력개선에 투입하고 있는데, 기실은 그 재원이면 충분하고도 남는다. 되지도 않는 엉뚱한 사업에 그 귀중한 재원을 다 소진하면서, 정작은 21세기 국가방위를 위해 가장 절실하게 요구되는 원거리 전력투사능력의 확충사업은 이런저런 이유로 지연되고 있는 것이다.

　이렇게 수십년간 누적돼온 우리의 국방패러다임을 근원적으로 개혁하지 않고서는 국방의 미래가 없다. 중장기 군사전략기획서들의 전력증강 우선순위에 따라 방위력개선비를 충실하게 집행하면 현재의 국방비만으로도 충분히 목표를 달성할 수 있다. 그것이 바로 우리가 바로잡아야 할 국방 분야의 대개혁이며 현정부가 강력하게 추진해야 할 '국방 분야 비정상의 정상화' 과제이다.

• 참고문헌 •

공군본부. 『6·25전쟁 항공전사』. 2002.

홍성표. "이라크전 분석과 군사안보 패러다임 변화." 『국제관계연구』. 일민국제관계
　　연구원, 2003.

＿＿＿. 『항공전의 역사』. 플래닛미디어, 2010.

홍성표·오충원·나상형 공역. 『아틀라스 세계항공전사』. 플래닛미디어, 2012.

Air War over Serbia Fact Sheet, 31 January 2000.

Albert, David S., eds. *Network Centric Warfare: Developing and Leveraging
　　Information Superiority.* Washington, DC: DoD C4ISR Cooperative
　　Research Program, 1999.

Alexander & Malcolm Swanston. *Atlas of Air Warfare.* Sandcastle Books, 2009.

Alvin & Heidi Toffler. *War and Anti-War.* Warner Books, 1995.

Bowyer, Chaz. *History of the RAF.* London: Bison Books Ltd., 1977.

Clark, Wesley. *Waging Modern War: Bosnia, Kosovo, and the Future of
　　Combat.* Public Affairs, 2001.

Futrell, Robert F. *The US Air Force in Korea.* 2000.

Gunston, Bill, ed. *Chronicle of Aviation.* London: JOL International Publishing,
　　1992.

Judah, Tim. *Kosovo: War and Revenge.* Yale Nota Bene Book, 2002.

Keaney, Thomas A., and Eliot A. Cohen. *Gulf War Air Power Survey, Summary
　　Report.* Washington DC: Government Printing Office, 1993.

＿＿＿. *Gulf War Air Power Survey Summary Report.* Washington DC, 1993.

Lambeth, Benjamin. *NATO's Air War for Kosovo.* RAND, 2001.

Link, Charles. *Matured Aerospacepower.* 2001.

Meilinger, Phillip. *10 Propositions regarding Air Power.* US Air Force History and Museums, 1995.

Ruehrmund, James C., Jr., Christopher J. Bowie. *Arsenal of Airpower: USAF Aircraft Inventory 1950-2009.* Mitchell Institute, 2010.

Shepherd, Chris. *Campaign Plan 2001 Status Briefing.* US Joint Forces Command, 2000.

Stewart, James T. *Airpower: The Decisive Force in Korea,* 1957.

Tucker, Spencer C. *The Korean War.* Checkmark Books, 2002.

US Army. *Perimeters.*

Ullman, Harlan, & James P. Wade. *Shock & Awe: Achieving Rapid Dominance.* NDU Press, 1996.

Winnefeld, James, Preston Niblack, Dana Johnson. *A League of Airmen.* RAND, 1994.

Y'Blood, William T., MiG Alley. *US Air Force History Museums Program.* 2000.

CNN TV 뉴스(2003.4.12).

http://en.wikipedia.org/wiki/Publius_Flavius_Vegetius_Renatus

5

미래 공군의 역할과
장거리 전력투사능력 강화

박창희 | 국방대학교

I. 서론

동아시아 지역에서 미국, 중국, 일본 등 강대국들 간의 전략적 경쟁이 심화되면서 군사적 우위를 점유하기 위한 첨단무기 개발이 뜨겁게 진행되고 있다. 미국은 2005년 제5세대 전투기로 F-22를 실전에 배치한 데 이어 F-35를 개발하고 있으며, 중국은 차세대 스텔스 전투기로 J-20과 J-31의 시험비행을 실시하고 있다. 러시아도 마찬가지로 T-50 PAK FA 스텔스 전투기 개발에 나서고 있다. 일본은 미국의 F-35를 차기 전투기로 선정했지만, 독자적 스텔스 전투기를 개발하기 위한 수단으로 스텔스 기술실증기인 '신신(心神)'을 2013년 개발 완료했다. 제5세대 전투기가 생존성을 보장하는 스텔스 성능과 치명성을 개량한 첨단시스템을 구비함으로써 "게임의 룰을 바꾸는 (game changing)" 획기적 능력을 인정받고 있는 가운데, 미국은 일본과 함께 2030년을 목표로 제6세대 전투기의 공동개발 가능성을 검토하고 있다.[1]

정보화된 전쟁에서 첨단전투기의 역할과 중요성은 결코 폄하될 수 없다. 스텔스 전투기를 보유할 경우 적 영공에 은밀하게 침투하여 방공망을 제압하고 적 전투기를 격추함으로써 제공권을 장악할 수 있다. 또한 적의 전쟁지도부, 지휘통제시설 및 통신시설, 그리고 군수보급시설 등 종심지역에 있는 핵심표적을 민간인의 피해를 최소화하는 가운데 정확하게 파괴할 수 있다.[2] 이처럼 공군력은 제공권을 장악하고 적의 중심(重心, center of gravity)이 되는 후방의 전략적 표적을 효과적으로 타격함으로써 전쟁에서 승리할 수 있는 유리한 여건을 조성할 수 있으며, 이것이 바로 많은 국가들이 '하이급(high-end)' 전투기를 개발하고 도입하기 위해 노력하는 이유이다. 이러한 점에서 한국공군의 F-35 도입은 향후 한반도의 평화를 유지하고 한국의 안보를 공고히 하는데 크게 기여할 것이다.

그러나 미래의 안보환경과 주변국의 군사위협을 고려한다면 한국공군은 보다 '균형된' 전력을 구비할 필요가 있다. 특정 임무기에 편향된 전력을 구비하기보다는 전투기, 공격기, 수송기, 폭격기, 그리고 감시통제기 등의 적정 비율을 설정하여 고른 전력을 구비해 나갈 필요가 있다. 이는 장차 북한의 재래식 위협은 물론, 군사대국으로 부상하고 있는 중국과 보통국가가 될 일본의 군사적 위협에 능동적으로 대응하기 위해 반드시 추진해야 할 중요한 과제이다. 미래 주변국과의 분쟁상황을 가정해 볼 때 우리의 안보상황은 녹록치 않다. 최악의 경우 중국과의 전면전이 발생한다면 미국은 한미동맹에 입각해 전쟁에 개입하고 군사적 지원을 제공하겠지만, 소규모의 국지적 분쟁 상황에서는 개입하지 않거나 제한적으로만 개입할 것이다. 일본과 독도를 둘러싸고 충돌할 경우 미국은 한일 모두와 동맹관계에 있는 만큼 중립적 입장에 서서 분쟁을 중재하려 할 뿐 우리에게 일방적으로 군사적 지원을 제공할 수는 없을 것이다. 따라서 미래 한국군은 주변국과의 군사적 분쟁에

1) 류태규, "유·무인전투기 발전추세와 전망," KIDA 군사기획센터 정책토론회 발표문, 2014년 4월 24일. 6세대전투기는 스텔스성능 강화, 센서성능 강화, 고도의 네트워크화, 그리고 고에너지 레이저무기 장착 등을 그 특징으로 한다.
2) 양욱, 『스텔스: 승리의 조건』(서울: 플래닛미디어, 2013), pp.320-321.

대비하기 위해 어느 정도 독자적인 전쟁수행능력을 구비해야 하며, 이는 공군으로 하여금 '풀 세트(full set)'를 갖춘 균형된 전력을 구비할 것을 요구한다.

이 연구는 지금까지 우리 군에서 상대적으로 주목하지 않았던 공군의 장거리 전력투사능력의 필요성을 검토하고 새로운 관점에서 공군전력 건설 방향을 제시하고자 한다. 필자는 주변국의 위협이 본격적으로 가시화될 시점을 고려하고, 공군의 전력건설이 10년 이상 소요되는 장기적 사업이 될 수밖에 없다는 점을 감안하여 대상 시점을 대략 2030년으로 상정하여 논의를 전개하도록 한다.

우선 다음 절에서는 미래 공군의 역할을 세 가지의 차원, 즉 북한의 전면전 위협 대비, 주변국의 군사적 위협 대비, 그리고 국제평화 기여 차원으로 구분해서 살펴볼 것이다. 그리고 나서 이를 바탕으로 장거리 대형수송기와 전략폭격기가 필요한 이유를 한반도 주변의 안보상황 변화를 고려하고 주변국들의 공군전력 증강 추세를 반영하여 제시할 것이다.

II. 미래 공군의 역할과 장거리 전력투사능력

1. 2030년경 한반도 안보상황 전망

2030년경 한반도를 둘러싼 안보상황은 크게 변화할 것이다. 2030년에 이르러 중국은 군사대국으로 부상할 것이며, 중국군은 국경 주변 지역에서 정보화전쟁을 수행할 수 있는 능력을 구비하게 될 것이다. 비록 미국의 군사적 능력에는 미치지 못하겠지만 한반도, 대만, 남사군도에서 무력분쟁이 발생할 경우 미군의 군사력 투사를 저지하는 가운데 주변국에 대해 군사적 우세를 달성하고 신속하게 승리를 거둘 수 있는 능력을 갖추게 될 것이다. 다만 조어도를 둘러싼 일본과의 분쟁에 대해 중국이 일방적인 우위를 점할 것으로는 단정할 수 없다. 2030년경에 일본은 '보통국가'로서 상당한 군사력을 보유할 것이며, 미일동맹은 여전히 일본의 안보를 위한 강력한 안보기제로 작동할 것이기 때문이다. 그럼에도 불구하고 중국과 일본의 국방비 격차가 더욱 커져 2030년경에 6배 이상이 될 것임을 감안할 때 중국은 일본에 비해 절대적인 군사적 우세를 달성할 것이다.[3]

2030년경에 일본은 '보통국가'가 되어 있을 가능성이 높다. 현 자민당의 방위정책은 일본이 방어만 한다는 '전수방위(專守防衛)' 개념에 머무르지 않고 있다.[4] 즉, 일본은 헌법개정을 통한 자위대의 '국방군화' 추진, 집단적 자위권 행사 추진, 적 기지 공격능력 구비, 해병대 창설 등을 추진하고 있으며, 이러한 추세를 감안할 때 일본의 '보통국가'화는 시간문제로 보인다. 현재 고조되고 있는 조어도 분쟁상황을 감안한다면 미래 일본의 주요 위협은 중국이 될 것이다. 따라서 지금까지 일본의 방위정책이 주로 본토의 침략에 대비하는 것이었다면, 앞으로의 정책은 조어도(釣魚島) 분쟁에 대비하는 데 치중하여 중국의 도서분쟁 위협에 독자적으로 대응할 수 있는 능력을 구비하는 데 주안을 둘 것이다.[5] 즉, 일본은 중국과의 대규모 분쟁이 발발할 경우 동맹국인 미국과 함께 공동으로 대응할 것이지만, 조어도나 독도를 둘러싸고 발생할 수 있는 제한된 규모의 해양영유권 분쟁에 대해서는 일본 스스로의 힘으로 대응하려 할 것이다.[6]

---

3) 일본이 평화헌법을 개정하여 '보통국가'가 된다면 매년 대략 3~5%의 국방비를 증액시킬 것으로 볼 수 있으며, 2030년에 이르러 830억~1,100억 달러의 국방비 수준을 유지할 것이다. 이는 중국의 공식국방비가 매년 12% 증액될 경우 2030년에 이르러 약 6,500억 달러가 될 것임을 감안할 때 1/6 수준이 된다.
4) 전수방위란 상대방으로부터 무력 공격을 받았을 때 처음으로 방위력을 행사하고 방위력의 행사도 자위를 위한 필요 최소한으로 제한하며, 또한 보유하는 방위력도 자위를 위한 필요 최소한의 것으로 제한하는 등 수동적인 방위전략 자세를 의미한다. 국방정보본부, 『2013년 일본방위백서』(서울: 국방정보본부, 2013), p.161.
5) Ministry of Defense of Japan, "National Defense Program Guidelines for FY 2014 and beyond"(www.mod.go.jp/e/d_act/d_policy/national.html).
6) 한국전략문제연구소, 『2013 동아시아 전략평가』(서울: 한국전략문제연구소, 2013), p.151.

이러한 상황에서 한반도는 주변 강대국들 간 전략적 경쟁의 격랑에 휘말릴 수 있다. 우선 한반도는 남북한이 합의에 의해 정상적인 경로로 통일을 이룰 가능성이 약하다고 본다면 북한이 붕괴하여 통일을 달성하거나, 혹은 북한이 그럭저럭 생존을 유지해가는 상황을 상정할 수 있다. 전자의 경우 통일된 한국은 중국과 일본 등 주변국으로부터의 안보위협에 대비해야 할 것이며, 후자의 경우에 있어서는 북한의 군사적 위협에 우선적으로 대비하되 주변국의 잠재적 위협에도 경계하지 않을 수 없을 것이다. 어떠한 경우에든 한미동맹은 유지될 것이나 전작권 전환을 계기로 주한미군은 지금과 달리 한반도에서 한국군을 지원하는 보조적 역할을 담당하게 될 것이다. 즉, 미래의 한국군은 북한 및 주변국의 위협에 대해 주도적으로 대응하고 독자적으로 작전을 수행할 수 있는 능력을 구비해야 할 것이다.

통일이 이루어질 경우, 혹은 한반도 분단이 지속되더라도 북한의 위협이 현저히 약화될 경우, 한미군사지휘관계에는 변화가 나타날 것이다. 즉, 전작권 전환 이후 유지하게 될 '신연합지휘체계'보다는 현재의 미일동맹과 유사한 형태의 '병행적 지휘구조'를 갖게 될 것이다.[7] 이러한 지휘구조에서 한미 양국은 한국군 및 미군이 효과적인 작전을 공동으로 실시하기 위해 각각의 역할을 분담하고 작전행동에 있어서 일관성을 유지할 수 있도록 절차를 규정할 것이다. 가령 전쟁 혹은 분쟁이 발발할 경우 양국은 자국의 육해공군 부대를 각각 운용하되, 한국군은 한반도와 주변의 해공역에서 작전을 주도적으로 실시하고 미군은 한국군의 작전을 지원하거나 한국군의 능력을 보완하기 위한 작전을 실시할 것이다. 공군의 경우에도 마찬가지로 양국 공군은 긴밀한 협조하에 각각의 지휘계통을 따라 자국 공군을 지휘하게 될 것이다. 한국공군과 미공군은 적국의 공중공격에 대응하여 공동으로 작전을 실시하되, 한국공군은 정보우세 달성, 제공권 장악, 전장지원, 전략공격 등의 임무를 주도적으로 수행할 것이며, 미공군은 보다 광범위한 정보의 확보 및 제

---

7) 이에 대해서는 국방정보본부, 『2013년 일본방위백서』, pp.524-525의 "미-일 방위협력 지침"(1997년 9월 23일) 참조.

공, 제공권 장악 지원, 그리고 기타 항공작전 지원 등의 임무를 수행할 수 있을 것이다.

한국군이 한반도 방위를 주도하는 상황에서 한국공군은 크게 북한과의 전면전 대비, 주변국과의 분쟁 대비, 그리고 국제평화에의 기여라는 세 가지 차원에서의 역할을 담당하게 될 것이다. 이때 이러한 역할을 수행하는 데 있어서 장거리 전력투사능력이 어떠한 기능을 할 수 있는지 살펴보면 다음과 같다.

2. 북한과의 전면전 대비

미래 북한과의 전면전이 발발할 경우 공군은 '한국군 주도의 신속한 전쟁 승리에 기여'하는 역할을 수행할 것이다. 즉, 공군은 초기 전장의 주역으로서 한국군이 조기에 전쟁주도권을 확보하고, 적의 전쟁수행체제를 마비시키고 전쟁지속능력을 약화시키며, 반격 혹은 상륙작전 등 결정적 국면에서의 승리를 달성하는데 기여해야 한다. 이를 위해 공군은 현재와 같이 'NCOE하 공세적 항공우주작전'을 통해 그러한 역할을 수행할 수 있다. 즉, 공군은 전면전 초기에 항공우주 영역에서 각종 감시정찰 자산을 이용하여 북한지역에 대한 정보를 획득하고 전자전을 통해 북한군의 지휘통제 및 통신체제를 마비시킴으로써 정보의 우세를 달성할 수 있다. 제5세대 전투기를 동원하여 공중 우세를 달성하고 북한지역 내 핵심표적에 대해 '병행공격(pararrell attack)'을 가하며 지해상작전을 지원할 수 있다.[8]

---

8) 전구 전역에 걸쳐 전략적 중심들을 거의 동시적으로 공격을 가하는 것을 의미한다. 적의 중심들을 동시에, 병렬적으로, 초스피드로 공격함으로써 적 시스템의 유기적 능력을 손상 및 와해시키고 적을 극심한 충격, 마비, 공황상태에 빠뜨리도록 하는 것이다. 이명환 외,『항공우주시대 항공력 운용: 이론과 실제』(서울: 오름, 2010), p.135; 권태영·노훈,『21세기 군사혁신과 미래전: 이론과 실상, 그리고 우리의 선택』(파주: 법문사, 2008), p.183.

　이에 따라 공군이 수행해야 할 임무를 구체화하면 북한군에 대한 광범위한 정보수집 및 정보우세를 달성하기 위한 정보작전, 공세제공 및 방어제공작전을 시행하는 제공작전, 적 지휘부와 산업시설을 공격하여 전쟁지속력을 파괴하는 전략공격작전, 전선 후방의 적 지해상군, 지휘통제체제, 보급로 등을 공격하여 무력화하는 항공차단작전, 아군과 대치하고 있는 적을 공격하는 근접항공작전, 병력과 물자를 이동시키는 공수작전, 그리고 공중급유작전 등이 될 것이다. 이러한 공군의 작전은 지금까지 차질없이 준비되어 왔고, 향후 F-35와 공중급유기를 비롯한 전력이 도입됨에 따라 작전능력을 더욱 향상시킬 수 있을 것이다.

　이러한 임무 가운데 한국공군의 장거리 전략투사 능력은 북한과의 전면전이 한반도 전구에 제한된다는 이유로 그다지 주목을 받지 못했다. 즉, 장거리 대형수송기와 전략폭격기 모두가 전구 간 수송능력을 구비한 항공기이므로 한반도 전구 내에서는 불필요하다는 인식이 작용한 것이다. 그러나 한반도전쟁이 발발할 경우 장거리 전력투사 임무는 매우 중요한 역할을 담당할 수 있다. 우선 장거리 대형수송기의 경우 전쟁에 필요한 전시물자는 물론, 해외에 파병된 부대와 군 유학생들을 조기에 귀국시킴으로써 이들을 신속히 전력화할 수 있으며, 상륙작전이나 공정작전, 그리고 대규모 철수작전과 같은 결정적인 국면에서 많은 병력과 물자를 신속하게 전개함으로써 시간을 다투는 긴박한 상황에서 작전의 성공에 기여할 수 있다. 즉, 장거리 대형수송기는 전시 한반도에서뿐만 아니라 해외의 위험한 지역을 포함한 세계 각지에 전개되어 다양한 수송임무를 담당할 것이며, 작전을 수행하는 데 있어서 적시적인 수송지원을 제공함으로써 결정적인 성과를 달성하는 데 기여할 것이다.

　전략폭격기의 경우 전쟁 초기 단계에서 적 후방 깊숙이 침투하여 적의 전쟁지도부, 지휘통제체제, 군용비행장, 제2제대, 그리고 주요 산업시설과 같은 핵심표적을 타격함으로써 적의 전쟁수행체제를 마비시키고 전쟁의지를 약화시키며 전쟁지속능력에 타격을 가할 수 있다. 전략폭격기는 전략공격을 가할 수 있는 다목적 전투기와 달리 다량의 폭탄을 적재할 수 있고 더 많은 시간 체공함으로써 적 후방지역을 충분히 유린하고 교란할 수 있는 전략적 자산이 될 수 있다. 또한 폭격임무를 완료한 후에는 미군이 걸프전이나 이라크전에서 활용했던 것처럼 항공차단이나 근접항공지원 등의 임무에도 효과적으로 참여할 수 있을 것이다.9)

3. 주변국과의 국지분쟁 대비

중국이 군사대국으로 부상하고 일본이 보통국가를 지향함에 따라 한국군은 미래 주변국의 군사적 위협에 대비해야 하는 중대한 도전에 직면하고 있다. 한반도 통일이 이루어지기 전이라도 한국은 언제든 중국과 EEZ 설정 및 이어도 관할권을 놓고 해양분쟁을 빚을 수 있다. 해양분쟁이 아니더라도 중국은 통일된 한국이 미국과의 동맹을 강화하고 한-미-일 안보협력체제에 뛰어들어 반중연대에 가담한다고 판단할 경우 '응징'을 목적으로 한중 국경지역에서 제한된 분쟁을 야기할 수도 있다.10) 일본과는 독도를 둘러싼 해양영토분쟁에 돌입할 가능성이 높다. 미래 일본은 집단적 자위권과 '국방군'을 보유한 보통국가가 되어 해양영토 주권에 대한 주장을 강화할 것이며, 사태가 악화될 경우 군사력을 동원하여 독도를 강점하는 등 심각한 도발을 야기할 수 있다.

주변국과의 이러한 분쟁은 한미동맹이 존재하는 한 국지적인 분쟁으로 한정될 것이다. 중국은 한국에 대해 국경지역에서의 도발을 야기하더라도

---

9) Tami Davis Biddle, "Air Power Theory: An Analytical Narrative from the First World War to the Present," J. Boone Bartholomees, Jr., ed., *U.S. Army War College Guide to National Security Issues, Vol I : Theory of War and Strategy* (Carlisle: SSI, 2010), pp.299-300.

10) 이는 같은 사회주의 우방국이었던 베트남이 1975년 통일을 달성한 이후 중국의 적이었던 소련과 동맹조약을 체결하고 중국의 또 다른 우방인 캄보디아를 공격하자 1979년 2월 응징차원에서 베트남을 전격적으로 침공했던 사례와 유사한 상황이 조성될 수 있다.

미국의 개입을 우려하여 군사행동을 국경 인근지역으로 한정할 것이다. 일본도 미국과의 동맹을 고려하여 한국과의 전면적인 전쟁을 야기하기보다는 독도나 인근해역에 한정된 제한적 군사행동을 취할 것이다. 즉, 2030년경 주변국으로부터의 군사도발은 전면전으로 비화되기보다는 제한된 목적을 추구하기 위한 제한된 형태의 무력사용이 될 것이다. 그리고 이러한 분쟁은 신속하고 치열하게 전개될 것이므로 미국의 적극적 지원을 기대하기 어렵다. 따라서 한국으로서는 주변국과의 전면전에 대해서는 한미동맹에 의존하더라도, 제한적인 국지분쟁에 대해서는 독자적으로 대응할 수 있는 전략과 전력을 구비해야 할 것이다.

주변국과의 국지적 분쟁이 발발할 경우 공군의 임무는 '적의 도발을 격퇴 및 격멸하고 주권을 수호하는 데 기여'하는 것이다. 한국군은 우리 영토 내로 침입한 적에 대해 단호하게 군사적으로 대응해야 하며, 적으로 하여금 교전을 포기하고 철수하도록 강요해야 한다. 이때 공군은 분쟁지역을 중심으로 적에 대해 정보우세를 달성하고, 결정적 시간과 장소에서 항공전력을 집중 운용함으로써 공중우세를 달성해야 한다. 또한 지상 혹은 해상에서 아군의 육군 및 해군에 대해 항공차단, 근접항공지원, 그리고 전략수송지원 등을 제공해야 한다.

주변국과의 국지분쟁이 발발할 경우 공군의 장거리 전력투사능력은 북한과의 전면전 상황 못지않게 중요하다. 우선 장거리 대형수송기는 병력과 물자를 수송하여 분쟁지역에 군사력을 집중함으로써 적 군사력에 대해 국지적 우세를 달성하도록 할 수 있다. 통일 후 한국의 군사적 상황은 북한과 대치하고 있는 지금의 상황과 크게 다르다. 즉, 한국이나 중국은 군이 아닌 경찰병력을 배치하여 국경을 통제하고 관리할 것이다. 한국군은 주전투력을 국경지역이 아닌 후방지역에 집결하여 보유하게 될 것이다. 그런데 중국군은 과거 인도, 소련, 그리고 베트남과의 전쟁 및 분쟁에서 그러했듯이 군사력을 사용할 경우 전격적인 기습을 통해 주도권을 장악하려는 성향이 있다.[11]

---

11) 박창희, "현대 중국의 전략문화와 전쟁수행방식: 전통적 전략문화와의 연속성과 변화

따라서 중국의 군사공격에 대비하기 위해서는 신속하게 분쟁지역으로 병력과 장비를 투입하여 수적으로 우세를 달성하는 것이 중요하며, 이러한 군사력의 집중과 우세는 장거리 대형수송기를 운용함으로써 용이하게 달성할 수 있을 것이다.

주변국과의 분쟁에서 전략폭격기는 상대국가의 도발을 억제하고, 도발시 중심에 위치한 핵심표적을 파괴하는 데 유용하다. 물론, 제한적인 국지분쟁 상황에서 적국의 도시에 대한 대규모 폭격은 분쟁을 전면전으로 확대할 수 있는 만큼 바람직하지 않다. 그럼에도 불구하고 전략폭격은 적이 우리 영토를 침범한 면적에 비례하여 적국의 후방지역에 대해 전격적으로 이루어질 수 있다. 가령 적 공군이 청천강 이북의 아 군사기지 및 시설을 공격한다면 우리도 요녕성과 길림성의 적 지휘부, 지휘통제체제, 공군기지, 보급로 등 핵심표적을 타격할 수 있다. 한국공군이 가진 F-35와 제4세대 전투기들이 제공권을 장악하고 전장을 차단하며 지상군 작전을 지원하는 임무를 수행하는 반면 전략폭격기는 주로 적 종심지역을 타격할 수 있는 전략적 자산으로 운용할 수 있으며, 이러한 전략폭격기의 운용은 적으로 하여금 소규모 국지분쟁을 더욱 확대하지 못하도록 억제하는 효과를 거둘 수 있다.

4. 평시 국제평화에의 기여

장거리 대형수송기는 국제평화에 기여하는 우리 군의 활동을 지원할 수 있다. 유엔 평화유지활동(PKO) 임무에 파병되는 부대를 신속하고 안전하게 수송함으로써 적시적인 임무수행에 기여할 수 있다. 국제평화유지를 위해 파견되는 부대는 임무에 따라 중장비를 포함하여 현지에서 조달하기 어려운 많은 물자를 가져가야 하므로 대규모의 물동량이 발생한다. 그리고 이러한 물동량은 파병병력이 현지 도착과 동시에 임무를 개시하기 위해서라도 수주

를 중심으로," 『군사』 제74호(2010년 3월), p.277.

에 걸쳐 나누어 수송하기보다는 동시에 수송하는 것이 바람직하다. 장거리
대형수송기는 이러한 공수임무를 수행함으로써 이들로 하여금 어려운 환경
하에서 효율적으로 임무를 수행하는 데 긴요하게 사용될 수 있다.

　이외에도 장거리 대형수송기는 아프리카나 중동 등 정세가 불안한 지역
에 거주하는 재외국민들을 유사시 신속하게 국내로 철수시킬 수 있다. 또한
자연재해가 빈발하고 재난으로 인한 국제지원 소요가 증가하고 있는 상황에
서 유사시 인도주의적 지원을 제공하는 데 유용하게 활용될 수 있다. 아울
러 고위급 군사대표단의 외국방문과 군 학생 교환방문 등 군사외교 활동에
서도 국격을 높이고 한국의 군사력을 과시하는 데 일조할 수 있으며, T-50
훈련기 판매 등 방산외교에 활용한다면 한국의 군사력에 대한 신뢰를 증진
시킴으로써 수출에 기여하는 효과를 거둘 수 있다.

III. 장거리 대형수송기의 필요성

　수송기는 경형(light), 중형(medium), 그리고 대형(large)으로 구분할 수
있다. 경형은 적재용량 11,350kg 이하에 운항거리 1,800~5,000km, 중형은
적재용량 27,215kg 이하에 운항거리 5,000km 이상, 그리고 대형수송기는
적재용량 27,215kg 이상에 운항거리 5,000km 이상인 항공기이다.[12] 따라
서 여기에서 장거리 대형수송기란 통상 전 구간 공수임무를 수행하는 것으
로, 적재용량 27,215kg 이상에 운항거리 5,000km 이상인 항공기로 정의할
수 있다. 미국이 보유한 C-17의 경우 병력 100명 또는 463리터 팔레트 18개
(총 77톤 미만)의 적재가 가능하다.[13]

---

12) IISS, *The Military Balance 2011* (London: Routledge, 2011), p.490.
13) 양욱, 『KODEF 군용기 연감 2014-2015』(서울: 플래닛미디어, 2014), p.110.

〈표 1〉 주요 국가의 수송기 보유 현황

구분	미국	프랑스	독일	호주	러시아	중국	일본	한국
총 수량	2,125	545	253	142	2,178	1,978	479	541
수송기 수량 (장거리 대형수송기)	464 (219)	151 (18)*	93 (4)*	47 (10)*	337 (151)	320+ (10)	64 (0)	33 (0)
총수량 대비 수송기 비율(%)	22	28	36	33	15	16	13	6
총수량 대비 대형수송기 비율(%)	10	3	2	7	6	0.5	0	0

* IISS, *The Military Balance 2013*(London: Routledge, 2013) 각 국가별 현황 참조

　　장거리 대형수송기는 다음과 같은 이유로 반드시 도입되어야 한다. 첫째는 국력의 증가에 따른 항공력의 균형된 발전이 요구되기 때문이다. 우선 선진국의 공군력을 분석해보면 총 항공기 수량에서 수송기가 차지하는 비율은 13~36%였으며, 한국은 6%에 불과한 것으로 나타났다. 수송기의 보유 비율이 가장 적은 일본보다도 절반에 그침으로써 수송전력이 매우 낮은 것으로 볼 수 있다.

　　장거리 대형수송기의 비율은 국가별로 크게 상이한 것으로 나타났다. 미국과 러시아의 경우 세계전략을 반영하여 장거리 대형수송기의 비율이 각각 10%와 6%로 높다. 호주의 경우 섬나라라는 지정학적 이유로 인해 7%라는 높은 수준을 유지하고 있음을 알 수 있다. 한국의 경우 유럽 선진국인 프랑스와 독일을 롤 모델로 삼을 수 있으며, 이 경우 대략 2%인 10여 대의 장거리 대형수송기를 보유함으로써 균형된 항공전력 구비가 가능할 것으로 보인다.

　　둘째로 전시연합수송전력 및 전쟁지속물자 수송을 위해 장거리 대형수송기가 도입되어야 한다. 전시물자의 경우 동원된 민항기를 이용하여 수송할 수도 있으나 여기에는 많은 한계가 따른다. 전쟁 초기 제공권을 장악하지 않은 단계에서 민항기 운항은 위험할 수 있으며, 유사시 활주로가 제대로

준비되지 않은 지역에서 민항기의 이착륙은 제한될 수밖에 없다. 또한 반격
작전과 상륙작전, 공정작전, 그리고 대규모 철수작전에서도 장거리 대형수
송기는 유용하게 운용될 수 있다. 현재 공군이 보유한 C-130 중형수송기의
적재중량은 19톤, 그리고 CN-235는 6톤에 불과하나, 장거리 대형수송기인
C-17의 적재중량은 77톤으로 대규모 병력과 물자를 수송할 수 있는 장점이
있다.[14] 이외에도 전시 해외에 파병된 부대와 군 유학생을 복귀시켜야 할
경우 파병지역의 불안정성으로 민항기의 투입이 제한될 것이므로 장거리 대
형수송기를 이용하여 신속하게 수송하여 전력화하는 것이 바람직할 것이다.

셋째로, 해외파병지원 및 긴급수송작전을 수행하기 위해 필요하다. 해외
파병이 빈번하게 이루어지고 있지만 이들에 대한 보급지원에는 많은 애로가
따른다. 가령 아프가니스탄과 같이 위험한 지역은 민간 항공사가 운항을 기
피함으로써 보급수송에 어려움을 겪은 바 있다. 우리 군이 가진 C-130 수송
기를 이용할 경우 날씨의 영향과 잦은 중간기착지 이용으로 1주일 이상이
소요되고 있다. 보급품 적재의 한계와 비행거리의 제한, 그리고 장거리 저고
도 운항으로 인해 비행승무원의 피로도가 증가하고 안전에 위험요소로 작용
하고 있다. 긴급수송작전에도 아쉬움이 있다. 예를 들어, 지난 삼호 주얼리
호에 대한 군사작전 후 납치범을 수송할 때 우리 군은 아랍에미레이트의
왕실 전용기를 임차하여 사용했는데, 만일 이들을 한국군의 장거리 대형수
송기로 수송했더라면 국가와 군에 대한 국민의 신뢰를 더욱 높일 수 있었을
것이다.

넷째로 분쟁지역 재외국민 철수 및 재난지역 긴급구호를 위해 필요하다.
현재 아프리카와 중동지역의 정세가 불안정한 지역에 거주하고 있는 우리
재외국민은 3,000여 명에 달한다. 세계적으로 한국의 경제력이 커감에 따라
정치적으로 불안정한 제3세계 국가에서 활동하는 교민의 수가 증가하고 있
다. 이들 국가에 정변이 발생할 경우 정부는 재외국민들을 신속히 철수시켜
야 하는데 현재로서는 민간항공을 이용할 수밖에 없다. 그러나 민간항공기

---

14) 양욱, 『KODEF 군용기 연감 2014-2015』, pp. 110, 120, 129.

의 경우 위험지역에 대한 운항을 거부할 수 있으며, 위험지역에 민간항공기
가 진입하기 위해서는 협조절차가 복잡하여 철수가 지연될 수 있다. 자칫
재외국민들의 생명이 위협받는 상황이 조성될 수 있는 것이다.

이외에도 장거리 대형수송기는 재난지역에 대한 긴급구호를 제공하는 데
에도 긴요하게 사용될 수 있다. 비교적 가까운 중국 사천성에 지진이 발생
했을 때 이명박 대통령이 C-130 3대와 가장 먼저 도착하여 외교적 효과를
극대화 한 반면, 거리가 먼 아이티 지진 시에는 지원병력과 물자가 C-130으
로 이동하는 데 1주일이 소요됨으로써 적시적 지원을 제공하지 못한 바 있
다. 특히 유엔은 2011년 12월 재난지역 긴급구호역량 평가에서 한국의 해외
긴급구호대(KDRT)에 "heavy" 등급을 부여했는데, 이는 우리 군의 재난구
호역량을 인정해 준 것이라 할 수 있다.15) 그러나 안타깝게도 우리 군은
수송기의 항속거리와 적재능력 제한으로 인해 구호 대상국을 동남아 및 동
북아 15개국으로 한정하고 있고, 구호장비와 물자도 소량으로 편성하고 있
는 실정이다.

다섯째, 군사외교 및 방산수출에 기여할 수 있다. 군사외교 차원에서 장
거리 대형수송기의 활용성은 매우 크다. 군 내외에서 장거리 임무를 수행할
수송소요는 점차 늘어나고 있다. 과거의 사례를 보면 남극 세종기지에 대한
보급물자 지원, 파병 관련 콩고 사전답사, 그리고 육사 생도들에 대한 해외
현장학습 공수 등의 요청이 있었으나 공군에서는 장거리 대형수송기를 보유
하지 않고 있어 이러한 지원을 해 줄 수 없었다. 향후 우리 군의 고위급
대표단의 외국 방문과 대규모 군 학생 교환방문 시, 그리고 각종 국제행사에
장거리 대형수송기를 활용할 경우 한국의 국격을 높이고 군사적 위상을 과
시하는 데 큰 효과를 거둘 수 있을 것으로 기대된다.

---

15) 유엔은 2005년부터 세계 각국의 국제구조대를 heavy, medium, light로 분류하여 평
    가해 왔으며, 우리나라는 헝가리, 영국, 미국, 싱가포르 등에 이어 2011년 11월 10일
    세계에서 18번째로 heavy 등급 인증을 받는 국가가 되었다. 소방방재청, "해외긴급구
    호대, UN 'Heavy 등급' 획득, *NEWSWIRE*, 2011년 11월 10일(http://m.newswire.
    co.kr/newsRead.php?no=583179&ected=).

또한 장거리 대형수송기는 방산수출을 활성화하는 데 기여할 수 있다. 최근 우리의 방산능력이 국제적으로 인정을 받음으로써 T-50 훈련기를 비롯하여 K-9 자주포 등 방산무기를 구매하려는 해외 고객들이 늘어나고 있다. 마케팅 차원에서 해외 고객을 국내로 불러들여 보여주거나 그들에게 팸플릿을 들고 가 홍보하는 데에는 한계가 있다. 이제는 국내에서 생산한 우수한 무기와 장비를 직접 장거리 대형수송기에 싣고 가 외국의 고객들 앞에서 우수한 성능을 시연해 보이고 그들의 환심을 사야 한다. 한국의 무기와 장비를 한국공군이 보유한 장거리 대형수송기로 공수하여 그들의 눈앞에서 직접 우리 장비의 우수성을 보여줄 때 그 효과는 기대 이상이 될 것이다.

장거리 대형수송기의 소요를 판단하기는 매우 복잡하다. 그러나 중단기적으로 평시에 필요한 소요는 단순하게 계산해 볼 수 있다. 〈표 2〉에서 보는 바와 같이 해외파병을 비롯해 군사외교 지원, 방산수출 전시 및 에어쇼 참가, 재외국민 철수, 재난지역 지원, 그리고 국가차원에서의 요청을 고려할 때 각 임무별로 1~2대, 많게는 3~4대가 필요한 것으로 판단할 수 있다. 다만, 이러한 임무는 동시에 이루어질 수 있다. 즉, 해외파병과 재난지역 긴급구호가 동시에 이루어질 수 있으며, 이 경우 소요는 3~4대가 될 것이다. 이에 부가하여 군사외교를 지원해야 할 경우 총 4~5대가 소요될 수 있다.

〈표 2〉 평시 장거리 대형수송기 소요 판단

구분	인원(명)	화물(톤)	화물(lbs)	소요수량
해외파병	350	41	90,000	2대
군사외교 지원	100			1대
방산수출전시 및 에어쇼 참가	40	200~262	440,000~ 577,611	3~4대
재외국민 철수	200			3대
재난지역 긴급구호	100	41	90,000	1~2대
국가차원 요청 지원		41	90,000	1대

이를 종합할 때 평시의 적정 소요는 대략 3~5대로 볼 수 있으며, 따라서 공군에서 당장 필요한 장거리 대형수송기는 4대 정도가 될 것으로 판단할 수 있다. 이 외에 2030년경 미래의 장거리 대형수송기 소요는 주변국과의 분쟁에 대비하기 위한 수송 소요를 고려하여 정밀하게 산출되어야 할 것이다.

IV. 전략폭격기의 도입 필요성

전략폭격이란 "전략적인 중요성을 갖는 적의 주요 도시, 군수공장, 비행기지 또는 전략적 병참선 등 적의 유무형적 전투력의 근원이 되는 곳에 대한 폭격"으로 정의된다.[16] 그리고 전략폭격기는 전략폭격을 주 임무로 하는 기종으로 대륙간을 왕복할 수 있는 장거리 항속성능과 더불어 다량의 무장능력, 그리고 적의 공격을 회피하는 능력을 갖춘 항공기를 의미한다.

전략폭격에 대한 사고는 1차 대전 직후로 거슬러 올라간다. 1921년 이탈리아의 두에(Giulio Douhet)는 *The Command of the Air* (제공권)라는 저서를 출간하여 항공력의 운용에 대한 선구적 주장을 내놓았다. 그의 주장은 흔히 '제공권 사상'으로 알려져 있지만 제공권 장악의 목적이 적국의 인구중심지와 전쟁산업시설을 타격하여 심리적 공포감을 조성하고 전쟁의지를 약화시킨다는 점에서 사실상 '전략폭격 사상'으로 볼 수 있다.[17] 즉, 그는 1차 세계대전과 같이 참혹한 결과를 회피하고 최소한의 희생으로 신속하게 전쟁을 종결하기 위해 '전략폭격'을 그 처방으로 제시한 것이다.

두에의 주장은 곧바로 2차 대전을 통해 그 가능성과 한계를 동시에 보여주었다. 전략폭격은 비록 초기에 상대 국민들의 공포심을 야기했지만 시간

---

16) 합동참모본부, 『합동·연합작전 군사용어사전』(서울: 합동참모본부, 2010), p.293.
17) 줄리오 듀헤, 이명환 역, 『제공권』(서울: 책세상, 2010), pp.80-81.

이 지나면서 시민들은 심리적 공황상태를 극복하고 오히려 상대국가에 대한 전쟁의지를 불태우게 되면서 '항공력에 의한 전쟁 종결'이라는 두에의 주장은 빗나가고 말았다.[18] 이로 인해 두에는 많은 비판에 직면했지만 그렇다고 그의 주장이 아주 잘못된 것은 아니었다. 비록 항공력에 의한 후방공격은 적의 전의를 약화시키지 못했지만, 적어도 적의 물리적 저항수단은 파괴할 수 있었기 때문이다. 즉, 연합군은 적 후방에 위치한 산업시설을 집중적으로 타격함으로써 누진적 효과를 거두고 적의 전쟁지속능력을 약화시킴으로써 최종적으로 승리할 수 있었던 것이다.

학자들마다 평가가 엇갈릴 수 있으나 2차 대전 이후의 전쟁사례는 여전히 전략폭격의 효용성을 부정할 수 없음을 보여준다. 6.25전쟁에서 항공력은 전쟁에 결정적이지 못했다. 그러나 그 이유는 타격해야 할 중요한 전략적 중심인 중국군의 군사적 원천이 한반도 밖에 있었기 때문이었다.[19] 만일 맥아더의 주장대로 전략폭격을 만주지역으로 확대했더라면 중국군의 개입을 억제하고 차단함으로써 전쟁의 결과를 바꿀 수 있었을 것이다. 베트남전에서 미국의 공군력 운용은 그 전략적 중심이 명확하지 않았고 한국전에서와 마찬가지로 전쟁에서의 승리보다 중국의 개입을 더 두려워함으로써 항공력은 그 능력을 충분히 발휘하지 못했다. 그럼에도 불구하고 미공군은 베트콩이 1972년 추계공세를 통해 싸움의 방식을 게릴라전에서 재래식 전쟁으로 전환한 후 라인백커(Linebacker) I과 II라는 대규모 폭격작전을 실시하여 적을 협상테이블로 끌어내는 효과를 거둘 수 있었다.[20]

두에의 이론은 냉전이 종식된 이후 진가를 발휘했다. 1991년 걸프전은 두에 이론의 타당성을 적나라하게 입증한 전쟁이었다. 걸프전에서 미국은

---

18) 도넬슨 D. 프리첼, "초기의 항공전략이론," 최병갑 외 공편, 『현대 군사전략대강 II: 전략의 제원리』(서울: 을지서적, 1988), pp.272-273.

19) 강성학, 『전쟁신과 군사전략: 군사전략의 이론과 실천에 관한 논문 선집』(서울: 리북, 2012), p.384.

20) Tami Davis Biddle, "Air Power Theory: An Analytical Narrative from the First World War to the Present," p.296.

다른 강대국의 개입에 의한 확전의 두려움이 없이 침략국인 이라크의 거의 모든 전략적 중심을 우선적으로 타격함으로써 이후 100시간의 지상작전을 통해 신속한 승리를 거두는 데 결정적으로 기여했다. 그리고 2003년 이라크 전쟁은 공군력에 의해 승리한 또 다른 사례였다. 비록 미국은 종전을 선언한 이후 10년이 넘도록 '더러운 전쟁'에 휘말려야 했지만, 그렇다고 해서 공군의 전략적 타격에 의한 전격적인 군사작전 승리를 무의미한 것으로 폄하할 수는 없다.

결국, 항공력에 의한 전략폭격 이론은 실패한 것이 아니다. 어떤 의미에서 냉전기 전략폭격이 효과를 거두지 못했다면 그것은 과학기술의 발전이 항공력 이론가들의 기대에 미치지 못했으며, 또한 정치적 고려에 의해 폭격이 제한되었기 때문으로 볼 수 있다.[21] 중심이 명확히 규정되고 식별된다면, 그리고 항공력에 의해 이러한 중심이 파괴되고 원하는 정치적 결과로 연결된다면 전략폭격은 효과적인 전쟁승리에 기여할 수 있다. 오직 공군만이 적 영토 깊숙한 지역에 위치한 적의 군사체계와 사회경제체계에 대해 심대한 물리적·심리적 타격을 가할 수 있는 유일한 자산임을 고려할 때, 공군의 역할은 항공력을 독자적으로 운용하여 전략적 표적을 타격하는데 주안을 두어야 한다.[22] 최근 지상, 해상, 해저에서 발사되는 크루즈 및 탄도미사일이 발전하고 있지만, 정밀유도무기를 탑재한 전략폭격기는 앞으로도 전략적 공격자산으로서 대단히 중요한 위치를 차지할 것이다.[23]

이러한 관점에서 한국공군이 전략폭격기를 도입해야 할 필요성을 다음과 같이 제시할 수 있다. 첫째는 주변국의 전력증강에 대한 상응전력을 구비하

21) 강성학, 『전쟁신과 군사전략』, p.384.
22) Forrest E. Morgan, "Trends in the Evolution of Air Power Strategy: Implications for the U.S. Air Force," 김기정 외 편, 『한국 공군 창군 60주년과 새로운 60년을 향한 항공우주력 발전 방향』(서울: 오름, 2010), pp.95-96.
23) 리처드 핼리온, 권재상 역, 『항공력의 새 지평』(고양: 자작, 2000), p.313; 권재상, "미래지향적 전략구조와 공군의 역할," 문정인 외 편, 『신국방정책과 공군력의 역할』(서울: 오름, 2004), pp.244-245.

기 위해서이다. 2030년경에 이르러 한국군이 독자적으로 주변국의 위협에 대응해야 할 상황에서 우선 중국과 일본의 전략폭격 전력을 예상해보지 않을 수 없다. 먼저 중국공군은 현재 82대의 폭격기를 보유하고 있으며 이는 총 항공기의 4%에 해당한다.[24] 그러나 중국은 동아시아 지역에서 심화되고 있는 미국 및 일본과의 전략적 경쟁에 대비하여 이 비율을 증가시켜 나갈 것이다. 이는 아마도 미공군의 전략폭격기 비율과 유사한 7% 수준을 유지할 것이며, 이 경우 2030년 중국공군의 전략폭격기는 약 133대가 될 수 있다. 그리고 이 가운데 한반도에 영향을 줄 수 있는 군구인 심양군구, 북경군구, 제남군구 공군의 전략폭격기는 각각 13대 정도로 판단할 수 있다. 즉, 한반도에 즉각 위협이 되는 전력은 13대, 그리고 추가로 증원이 가능한 전력은 26대가 될 것이다. 현재 중국에서 추진 중에 있는 Y(運)-20 대형수송기 개발이 완료될 경우 중국공군은 이를 원형으로 한 전략폭격기를 본격적으로 양산할 수 있을 것이다.[25] 일본은 현재 전략폭격기를 보유하지 않고 있으나 보통국가가 될 경우 중국과의 분쟁가능성에 대비하기 위해 이를 도입할 것으로 보인다. 아마도 2030년경에 이르러 일본공군은 전체 항공기 480대 가운데 약 2~4%에 해당하는 10~20대의 전략폭격기를 보유할 수 있을 것이다. 따라서 한국공군도 중국과 일본의 군사적 위협에 대응하기 위해서라도 이에 상응한 전력을 갖추어야 할 것이다.

둘째, 주변국과의 분쟁 혹은 전쟁을 억제하기 위해 적의 중심을 타격할 수 있는 전략적 자산을 보유해야 한다. 적의 심장부를 타격할 수 있는 전략폭격기의 보유 자체는 상대국가로 하여금 섣불리 군사행동에 나설 수 없도록 하는 심리적 억제효과를 거둘 수 있다. 전략적 차원에서 보복위협 수단을 확보함으로써 적의 군사도발을 억제하는 데 기여하는 셈이다. 그리고 만일 억제가 실패하여 적이 제한적인 군사적 도발을 감행할 경우 그에 상응하

---

24) IISS, *The Military Balance 2013* (London: Routledge, 2013).

25) DX, "Y-20 Military Transport Aircraft," Sino Defense, December 15, 2013(http://sinodefense.com/2013/12/15/y-20-military-transport-aircraft/).

는 전략적 타격을 가할 수 있고, 이는 다시 적으로 하여금 도발을 확대하지 못하도록 억제하는 효과를 거둘 수 있다.

셋째, 전략폭격을 통해 적의 전쟁지속능력을 약화시킬 수 있다. 전략폭격이 적의 전쟁지속능력을 약화시킬 수 있다는 사실은 이미 2차 세계대전에서 입증되었다. 공지전투와 같은 합동차원의 공군전력 운용이 매우 가치있는 것은 사실이다. 그러나 그러한 방식의 작전에만 의존할 경우 지상군의 작전지역을 넘어선 적 후방의 자원과 시설은 온전히 유지될 것이며, 따라서 적은 전투에 필요한 자원을 재조직하여 얼마든지 전장에 투입함으로써 아군의 희생을 계속해서 강요할 것이다.[26] 이에 대해 와든(John Wardon III)은 다음과 같이 지적했다:

> 2차 대전 시 미국은 적 항공기와 항공기 제작공장을 타격한 후 석유산업으로 공세를 전환했는데, 만일 석유생산체제에 대해 조기에 공격을 수행했다면 전쟁 기간을 단축시키고 훨씬 빨리 전쟁을 종결할 수 있었을 것이다.[27]

결국, 어떠한 종류의 전쟁이든 적의 후방에 위치한 중심을 식별하여 전략적 타격을 가하는 것은 전쟁의 비용을 줄이는 데 매우 중요한 과업이라 하지 않을 수 없다.

넷째, 전략폭격기의 운용은 전장에서 아군의 작전주도권을 확보하는 데 기여할 수 있다. 전략폭격을 통해 적 후방의 기반시설을 파괴할 경우 적은 이를 복구하고 보급로를 방어해야 하는 소요가 증가함으로써 지도부의 주의와 군의 노력이 분산될 것이다. 이는 아군으로 하여금 전방지역에서의 주도권을 확보하는 데 유리한 여건을 조성해 줄 것이다. 더구나 미래 합동성을 강조하는 군사작전을 수행함에 따라 공군은 지해군과 함께 공지전투, 혹은 공해전투의 소요가 증가하게 될 것이며, 이로 인해 공군이 보유한 전투임무

---

26) Forrest E. Morgan, "Trends in the Evolution of Air Power Strategy," p.95.
27) John A. Warden III, 박덕희 역, 『항공전역』(서울: 연경, 2007), p.178.

기들은 전략적 타격을 가할 수 있는 여력이 제한될 수밖에 없다. 따라서 공군이 독자적으로 운용할 수 있는 전략폭격기를 보유한다면 이는 상대적으로 합동성 차원에서 운용할 수 있는 최신 전투기의 전력이 상대적으로 많아지게 되고 전장지역에서의 육해군 작전 지원을 더욱 용이하게 할 수 있음을 의미한다.

V. 결론

미래 공군의 역할이 보다 독자적인 작전수행능력을 전제로 한다면 한국 공군은 장거리 전력투사 능력을 구비할 필요가 있다. 2030년이라는 미래에 한국군은 북한보다는 주변국의 위협에 대한 비중을 늘릴 수밖에 없으며, 한국공군은 주변국 공군의 위협에 대응할 수 있는 역량을 확대해야 한다. 공군은 전쟁의 주도권을 장악하고 전쟁승리에 결정적으로 기여하는 핵심자산으로서 적의 중심부를 전략적으로 타격할 수 있는 능력을 구비해야 한다. 이러한 공군의 역할은 미래 공군의 작전영역을 한반도 전구 이외의 범위로 확대할 것을 요구하고 있으며, 이는 결국 장거리 전력투사능력을 필요로 하는 것으로 요약할 수 있다.

공군의 장거리 전력투사능력으로서 대형수송기 및 전략폭격기의 보유는 북한 및 주변국의 도발을 억제하고, 억제가 실패할 경우 효율적인 전쟁을 수행하는 데 기여할 것이다. 특히 중국이 Y-20 대형수송기를 개발하고 이를 바탕으로 신형 전략폭격기를 보유할 것이며, 일본도 마찬가지로 2030년경에 이르러 보통국가로서 중국을 겨냥한 전략폭격 능력을 구비할 것임을 감안한다면 한국군은 억제차원에서라도 이에 상응하는 장거리 전력투사능력을 갖춤으로써 이들의 위협에 대한 억제력을 확보하지 않을 수 없을 것이다. 그리고 억제가 실패하여 주변국과의 분쟁이 발발한다면 장거리 전력투사를 통해 적의 힘의 원천이 되는 중심에 대해 직접 공격을 가하여 승리를 위한 유리한 발판을 마련해야 할 것이다.

주변국 위협에 대한 한미동맹의 제한적 성격, 주변국과의 분쟁양상, 그리고 전작권 전환에 따른 한국군 주도의 작전 등을 고려한다면 미래 한국군은 제한된 범위 내에서 독자적으로 작전할 수 있는 능력을 갖추어야 한다. 공군도 마찬가지로 정보작전, 제공작전, 전장지원 외에 장거리 대량수송능력 및 전략폭격 능력을 구비함으로써 '풀 세트'화된 균형있는 전력을 갖추어야 한다. 장거리 전력투사능력은 미국이나 중국 등 강대국에만 해당하는 것도 아니고, 이들의 전유물도 아니다. 그것은 미래 전장환경을 예측하고 대비하며, 이를 효율적으로 운용할 능력을 가진 자의 몫이 될 것이다.

• 참고문헌 •

강성학. 『전쟁신과 군사전략: 군사전략의 이론과 실천에 관한 논문 선집』. 서울: 리북, 2012.
국방정보본부. 『2013년 일본방위백서』. 서울: 국방정보본부, 2013.
권재상. "미래지향적 전략구조와 공군의 역할." 문정인 외 편. 『신국방정책과 공군력의 역할』. 서울: 오름, 2004.
권태영·노훈. 『21세기 군사혁신과 미래전: 이론과 실상, 그리고 우리의 선택』. 파주: 법문사, 2008.
도넬슨 D. 프리첼. "초기의 항공전략이론." 최병갑 외 공편. 『현대 군사전략대강 II: 전략의 제원리』. 서울: 을지서적, 1988.
류태규. "유·무인전투기 발전추세와 전망." KIDA 군사기획센터 정책토론회 발표문, 2014년 4월 24일.
리처드 핼리온, 권재상 역. 『항공력의 새 지평』. 고양: 자작, 2000.
박창희. "현대 중국의 전략문화와 전쟁수행방식: 전통적 전략문화와의 연속성과 변화를 중심으로." 『군사』 제74호(2010년 3월).
소방방재청. "해외긴급구호대, UN 'Heavy 등급' 획득, *NEWSWIRE*, 2011년 11월 10일(http://m.newswire.co.kr/newsRead.php?no=583179&ected=).
양 욱. 『KODEF 군용기 연감 2014-2015』. 서울: 플래닛미디어, 2014.
_____. 『스텔스: 승리의 조건』. 서울: 플래닛미디어, 2013.
이명환 외. 『항공우주시대 항공력 운용: 이론과 실제』. 서울: 오름, 2010.
줄리오 듀헤, 이명환 역. 『제공권』. 서울: 책세상, 2010.
한국전략문제연구소. 『2013 동아시아 전략평가』. 서울: 한국전략문제연구소, 2013.
합동참모본부. 『합동·연합작전 군사용어사전』. 서울: 합동참모본부, 2010.

Biddle, Tami Davis. "Air Power Theory: An Analytical Narrative from the First World War to the Present." J. Boone Bartholomees, Jr., ed. *U.S. Army*

War College Guide to National Security Issues, Vol Ⅰ: Theory of War and Strategy. Carlisle: SSI, 2010.

DX. "Y-20 Military Transport Aircraft." Sino Defense, December 15, 2013(http://sinodefense.com/2013/12/15/y-20-military-transport-aircraft/).

IISS. The Military Balance 2011. London: Routledge, 2011.

_____. The Military Balance 2013. London: Routledge, 2013.

Ministry of Defense of Japan. "National Defense Program Guidelines for FY 2014 and beyond"(www.mod.go.jp/e/d_act/d_policy/national.html).

Morgan, Forrest E. "Trends in the Evolution of Air Power Strategy: Implications for the U.S. Air Force." 김기정 외 편. 『한국 공군 창군 60주년과 새로운 60년을 향한 항공우주력 발전 방향』. 서울: 오름, 2010.

Warden Ⅲ, John A., 박덕희 역. 『항공전역』. 서울: 연경, 2007.

6

UN PKO활동의 새로운 추세와
한국공군에 대한 정책적 함의

정성윤 | 고려대학교

I. 서론

냉전이 종식된 직후 국제사회는 마치 독일의 철학자 칸트가 그토록 염원했던 연구평화의 시대가 마침내 도래한 것인양, 지구촌의 미래에 낙관적인 기대를 품었었다. 하지만 지난 반세기를 되돌아보면 우리의 희망과는 너무나 다른 노정의 길이었음을 알 수 있다. 국가 간 분쟁이 다소 줄어들었지만 전례 없는 국가 내부의 무력 분쟁이 급격히 분출되었기 때문이다. 특히 오늘날 국가 내 분쟁은 인종말살이나 인권침해와 같은 인류 보편적 가치에 대한 심각한 훼손을 야기하였기에, 국제사회의 충격과 근심은 날로 더해가고 있다. 국제사회는 이러한 분쟁의 새로운 추세에 대응하기 위해 국제적 차원의 평화유지활동을 적극적으로 추진하고 있다. 한국 또한 신장된 국력을 바탕으로 국제사회의 평화유지활동에 적극 관여하고 있다. 본 연구는 평화유지활동과 관련한 한국의 정책적 함의를 도출하고, 이를 통해 우리 공군의 전략적 고려사항을 제시하는 것이 주목적이다. 이러한 결론을 도출하기 위해 본 연구는 먼저 최근 유엔 평화유지활동이 어떻게 변화하고 있는지 살펴볼 것이다. 그리고 한국의 평화유지활동 역사와 현황을 바탕으로 정책적 함의가 무엇인지 구명하고자 한다. 마지막으로 평화유지활동과 관련해 한국의 국익 수호와 국격 상승을 위한 우리 공군의 정책적·전략적 과제들을 제시할 것이다.

II. 유엔 평화유지활동의 새로운 추세[1]

2014년 현재, 유엔이나 유럽연합(European Union), 나토(NATO), 그리고 아프리카연합(African Union)과 같은 국제기구들에 의해 총 37개의 국제 평화유지활동이 펼쳐지고 있다. 이러한 국제 평화유지활동들 중에서, 유엔은 안전보장이사회 결의를 거쳐 총 16개의 평화유지활동을 주도하고 있다. 유엔이 아닌, 다른 국제기구들의 평화유지활동들 중에서 9개 사례는 아프가니스탄, 코소보, 콩고민주공화국의 경우처럼 유엔과 함께 평화유지 활동을 수행하고 있고, 나머지 사례들도 대부분 보스니아-헤르체코비나와 같이 유엔의 평화유지 활동이 장기적으로 수행된 이후 유럽연합과 같은 지역기구들이 축소된 형태의 평화유지 활동을 펼치는 경우들이다. 즉, 유엔은 헌장에서 밝히듯 국제 평화유지활동의 중심 기구로서 역할을 하고 있다.

2014년 5월 현재 유엔의 이름하에 수행되는 평화유지활동에 참여하는 평화유지군의 총 숫자는 114개의 나라에서 파견된 97,675명이며, 이는 2,108

---

[1] 본 장의 내용은 연구자의 논문 "유엔 평화유지활동에 대한 이론적 논쟁," 『국방연구』 (국방대학교 국가안전보장문제연구소, 2012) 일부분을 수정·보완한 것임을 미리 밝힙니다.

〈표 1〉 유엔평화유지활동

(2014년 5월 현재)

임무명칭	임무시작	평화유지군 인원	예산(미국$)
UNTSO(유엔예루살렘 정전감시단)	1948.5	385	60,704,800
UNMOGIP(유엔 인도 / 파키스탄 군사감독단)	1949.1	115	16,146,000
UNFICYP(유엔 사이프러스 평화유지군)	1964.3	1,073	58,204,247
UNDOF(유엔 시리아 병력철수 감시군)	1974.6	1,183	50,526,100
UNIFIL(유엔 레바논 임시군)	1978.3	13,327	545,470,600
MINURSO(유엔 서부사하라 선거지원단)	1991.4	512	63,219,300
UNMIK(유엔 임시코소보 행정기구)	1999.6	406	44,914,800
UNMIL(유엔 리베리아 임무단)	2003.9	10,932	525,612,370
UNOCI(유엔 코티디부아르 임무단)	2004.4	12,041	486,726,400
MINUSTAH(유엔 아이티 안정화지원단)	2004.6	14,461	793,517,100
UNAMID(유엔 수단-다푸르 임무단)	2007.7	27,685	1,689,305,500
MONUSCO(유엔 콩고 임무단)	2010.7	23,305	1,419,890,400
UNISFA(유엔 아비에이 임시보안군)	2011.6	1,843	N/A
UNMISS(유엔 남수단 임무단)	2011.7	6,506	N/A
MINUSNA(유엔 말리 임무단)	2013.4	8,255	N/A
MINUSCA(유엔 중앙아프리카공화국 임무단)	2014.4	11,820[2]	N/A

출처: UN Peacekeeping Fact Sheet(http://www.un.org/en/peacekeeping/resources/statistics/factsheet.shtml)

명의 군사감독관, 14,307명의 경찰 병력, 그리고 81,260명의 군인들로 구성
되어 있다. 유엔은 평화유지군 이외에 현지와 다른 나라들의 민간인력

---

2) MINUSCA(유엔 중앙아프리카공화국 임무단)의 평화유지군 인원은 2014년 9월 말까지
파견 예정 총원 숫자임.

(civilian personnel) 또한 고용하여 포괄적 평화유지활동을 수행하기에, 이러한 인력까지 고려하면 유엔 평화유지활동국(Department of Peacekeeping Operations) 산하 현장에서 평화유지활동을 수행하는 인력의 숫자는 12만 명을 상회한다. 예산 또한 탈냉전 이후 급격히 증가하여, 2013년 7월부터 2014년 6월 말까지 1년간 유엔 평화유지활동에 배정된 예산은 78억 3천만 달러에 달한다. 이는 같은 회계연도 유엔 자체 예산이 30억 달러를 하회한다는 점을 고려하면(2014년 정규예산은 28억 달러), 평화유지활동이 유엔의 다양한 활동들 중에서 현재 어떤 의미를 차지하는지 가늠케 한다. 또한, 유엔 평화유지활동이 시작한 1948년부터 현재까지 평화유지활동을 위해 쓰인 총 예산이 약 800억 달러인 것을 감안한다면, 유엔 평화유지활동이 최근 얼마나 급격히 확대되어 왔는지를 반영한다.

탈냉전 직후인 1990년대 중반 소말리아와 르완다 등지에서의 참혹한 실패를 계기로 유엔 평화유지활동이 급격히 위축된 적이 있었다. 하지만 콩고 민주공화국이나 수단 달푸(Darfur)에서처럼 끊이지 않는 내전과 그에 따른 인종 청소(ethnic cleansing)와 민간인 대량 학살(mass killing)의 위기는, 유엔이 보다 적극적이고 효과적인 평화조성, 평화강제, 평화유지, 평화구축의 활동과 역할을 할 것에 대한 국제사회의 요구로 이어졌다. 따라서 2000년 이후 유엔 평화유지활동과 평화유지군의 숫자는 지속적으로 팽창 및 증가하여 왔다. 하지만 보다 중요한 것은, 유엔이 평화유지활동의 양적 팽창뿐만 아니라 질적 도약을 위한 노력을 경주해 왔다는 점이다. 이러한 질적 발전의 측면은, 유엔 평화유지활동의 시기적 패턴 분석을 통해 세 가지 차원에서 논의할 수 있다.

첫째, 유엔 평화유지활동은 안전보장이사회의 위임(mandate)을 받아야 수행 가능하다. 여기서 주목할 것은 안전보장이사회의 위임이 유엔 헌장 6장에 기반 하느냐, 아니면 7장에 기반하느냐이다. 유엔 평화유지활동은 통상적으로 부트로스 갈리(Boutros-Ghali) 전(前) 유엔사무총장이 『평화를 위한 의제(*An Agenda for Peace*)』[3]에서 제시한 것을 바탕으로, 분쟁예방외교(Conflict preventive diplomacy), 평화조성(Peace-making), 평화유지

(Peace-keeping), 평화강제(Peace-enforcement), 그리고 평화구축(Peace-building)으로 구분한다.[4] 이 중에서 '평화강제'의 임무만 유엔 헌장 7장에 기반한 안전보장이사회의 위임을 받아야 한다. 그렇다면, 개념적 차이를 넘어선 실질적인 차이는 무엇인가? 유엔 헌장 6장에 기반하여 결정된 안전보장이사회의 위임은, 평화유지활동 수행의 전제조건으로서 평화유지군이 파견될 국가의 동의를 반드시 사전에 구해야 한다는 점과 평화유지군에게 지극히 제한된 형태의 무력사용만을 허락한다는 점이다.

반면에 7장에 기반한 위임은, 파견될 국가의 동의 여부와 무관하게 유엔 평화유지군을 파견할 수 있으며, 유엔 평화유지군에게 부여될 수 있는 무력사용의 범위와 정도가 훨씬 폭넓고 강력하게 규정된다. 따라서 국제 평화와 질서에 시급한 사례들일 경우, 7장에 기반한 안전보장이사회의 위임이 6장에 기반한 위임보다는 훨씬 더 유엔 평화유지활동의 효과를 향상시킬 수 있을 것이라 기대할 수 있다. 하지만, 실제 안전보장이사회의 위임결정은 이사회 참여국가들, 특히 5개 상임이사국의 정치적 고려에 영향을 받을 수밖에 없다. 예를 들어, 냉전기간 미국과 소련의 이해가 첨예하게 대립되던 당시 양국의 동의하에 7장에 기반한 유엔 평화유지활동이 수행된 적은 단 한 차례 — 유엔콩고활동(ONUC: United Nations Operations in the Congo)

---

3) Boutros Boutros-Ghali, *An Agenda for Peace: Preventive Diplomacy, Peace-making and Peace-keeping* (New York: United Nations, 1992).

4) United Nations, *United Nations Peacekeeping Operations: Principles and Guidelines* (New York: United Nations, 2008), pp.17-18. '평화조성'은 일반적으로 이미 진행 중인 갈등들을 해결하기 위한 제반 조치로서 주로 외교적인 수단을 통해 정치집단들을 협상으로 이끌어내는 과정을 의미한다. '평화유지'는 진행 중인 분쟁에 중재자로서 유엔이 개입하여 분쟁이 인접지역으로 확대되거나 또는 분쟁지역 내에서 분쟁이 더 이상 과열되지 않도록 억제하는 활동을 뜻한다. 해당 지역에 정전협정이 체결될 수 있는 환경을 조성하는 것이 대표적 예이다. '평화강제'는 평화적 수단에 의한 평화유지활동이 실효를 거둘 수 없을 때 강제적인 수단과 방법을 동원하여 평화를 획득하려는 활동이다. '평화구축'은 평화조성과 평화유지활동이 성공하기 위해 평화를 공고히 하고, 사람들 간의 신뢰와 번영의 감정을 진전시킬 수 있는 구조를 찾아내어 이를 지원하는 포괄적 노력이다. 이는 분쟁의 원인 가운데 보다 근원적이라고 여겨지는 사회적 그리고 경제적 원인을 제거하는 것을 주된 목적으로 하는 활동 등을 말한다.

―밖에 없었다. 반면, 탈냉전 시기 7장에 기반한 유엔 평화유지활동인 평화
강제 임무는 2014년 현재까지 총 25차례나 수행되었다. 특히 2000년 이후
수행된 유엔 평화유지활동은, 이티오피아와 에리트리아 사이의 휴전협정을
관리 감독하기 위한 전통적 평화유지활동(traditional PKO)의 경우를 제외
하고, 모두 유엔 헌장 7장에 기반한 위임을 받아 평화강제 임무(peace
enforcement mission)를 수행하고 있다.

둘째, 도일과 삼바니스(Doyle and Sambanis)[5] 그리고 포트나(Fortna)[6]
의 유형화 방법을 따라, 유엔 안전보장이사회의 위임(mandate)이 규정하는
평화유지활동의 임무를 형태별로 구분하여 그 시기적 패턴을 분석하면, 유
엔 평화유지활동의 질적 발전을 보다 명확히 파악할 수 있다. 〈표 2〉는 유
엔 평화유지활동의 위임문서들을 읽고 그 임무를, 감독(observer), 전통적
평화유지(traditional PKO), 다차원적 평화유지(multidimensional PKO),

〈표 2〉 유엔평화유지활동의 임무 유형

임무 유형 시기 및 합계	평화유지 감독 임무 (Observer mission)	전통적 평화유지 (Traditional PKO)	다차원적 평화유지 (Multidimensional PKO)	평화강제 임무 (Enforcement mission)
1948~1988 계: 15	10	4		1
1989~1999 계: 38	13	4	10	11
2000~2014 계: 15		1		14
총계: 68	23	9	10	26

5) Michael Doyle and Nicholas Sambanis, *Making War and Building Peace: United Nations Peace Operations* (Princeton, NJ: Princeton University Press, 2006).

6) Virginia Page Fortna, *Does Peacekeeping Work? Shaping Belligerents' Choices after Civil War* (Princeton, NJ: Princeton University Press, 2008).

평화강제(peace enforcement) 임무의 네 가지로 구분한 것이다.

감독 임무(observer mission)는 무장하지 않은 유엔 감독관들을 파견하여 분쟁지역의 정전 협정 혹은 평화 협정의 이행에 대한 관찰과 감독을 주로 하는 활동을 의미하고, 전통적 평화유지(traditional PKO) 임무는 경(輕)무장한 유엔 평화유지군을 감독관들과 함께 파견하여 평화협정 이행의 관리 감독과 더불어 분쟁지역의 안정화 활동에 초점을 맞춘다. 이 두 가지 유형의 임무가 냉전 시기 유엔 평화유지활동의 주요 형태였다면, 냉전이 종결된 이후, 새롭게 등장한 다차원적 평화유지(multidimensional PKO) 임무는,[7] 평화협정 이행의 관리 감독과 분쟁지역 안정화 같은 군사적 활동 이외에, 경제 재건과 정치제도 수립, 치안유지 지원, 선거 지원 등 다양한 영역의 평화구축 활동을 포괄한다. 다차원적 평화유지활동이 탈냉전 이후 주요한 형태로 자리 잡은 또 하나의 중요한 이유는, 유엔 평화유지활동이 냉전기간 중에는 국가 간 분쟁(inter-state conflict)에 주로 초점을 맞춰 수행되었던 반면, 냉전이후 유엔 평화유지활동의 절대 다수의 경우는 내전과 인종 갈등과 같은 국가 내 분쟁(intra-state conflict)에 개입하여 분쟁을 중재하고 군사·정치적 안정화를 증진하기 위한 활동들이었다는 점이다.

이는 새로운 평화유지활동 방식과 프로그램을 필요로 하는 변화한 국제환경에 대한 유엔과 국제사회의 대응이었다. 마지막 유형인 평화강제 임무(peace enforce- ment mission)는 앞에서 밝힌 것처럼 유엔 헌장 7장에 기반한 안전보장이사회의 위임에 따라 수행되지만, 탈냉전 이후 평화강제 임무의 특징은 다차원적 평화유지활동과 함께 병행되어 내전을 겪은 나라들이 스스로 지속가능한 평화(self-sustainable peace)를 구축하는 것을 목표로 한다는 점이다. 실제 2000년 이후 수행된 14차례의 유엔 평화강제 임무는 그 위임문서들에 다차원적 평화유지 임무와 함께 규정되어 있다. 따라서

---

7) 다차원적 평화유지 임무는 1989년 나미비아에서 처음 시도되었다. 나미비아가 오랜 무장투쟁을 거쳐 남아프리카 공화국으로부터 독립한 직후 유엔이 정치안정화와 평화구축 프로그램을 성공적으로 지원하였고, 이는 다른 국가들에서의 유엔 평화유지활동의 모범으로 급속히 전파되었다.

유엔 평화유지활동을 1세대, 2세대, 3세대로 구분짓는 학자들의 경우, 위의
네 가지 유형에 따라 감독 임무와 전통적 평화유지활동을 1세대, 다차원적
평화유지활동을 2세대, 그리고 평화강제 활동을 3세대로 구분한다.[8] 그러
나 탈냉전 이후 현재까지의 실제적인 추세는 다차원적 평화유지 활동과 평
화강제 활동이 결합된 형태이다.

셋째, 그러면 왜 이처럼 유엔 평화유지활동이 보다 포괄적이고 강력한 방
향으로 발전해 왔는가? 이에 대한 해답은 1990년대 유엔 평화유지활동과
2000년 이후 활동의 내용을 비교하는 것에서 찾을 수 있다. 〈표 2〉에서
보여주듯이, 냉전이 종식된 1989년 이후 첫 10년 동안 유엔 평화유지활동은
그 이전 40년 동안 수행된 활동보다 그 숫자에 있어서 2.5배 이상 증가하였
다. 그 이유로 소련 붕괴 이후 동유럽에서 발생한 내전과 인종분쟁을 해결
하고 이러한 국가들의 전후 평화구축과 안정화가 지역 질서와 세계평화에
핵심적 이슈로 등장한 시대적 배경이 존재한다. 또한 1990년대 유엔은 지역
적으로 아프리카에서 오랫동안 지속되어 오던 내전들을 해결하고 전후 안정
화를 위해, 이전과 비교해 월등히 많은 숫자의 평화유지활동을 수행했다.[9]
하지만 이렇게 양적으로 급팽창한 유엔 평화유지활동의 실제 성과는 초라했
다. 1989년부터 1999년까지 수행된 38개 사례의 유엔 평화유지활동 중에서
성공적인 사례로 꼽을 수 있는 것은 나미비아, 엘살바도르, 모잠비크, 크로
아티아, 과테말라 등 소수에 한정된다.

따라서 2000년 당시 유엔 사무총장인 코피 아난(Kofi Annan)의 요청으

---

8) 이러한 분류법에 대한 자세한 설명은 조윤영, "유엔의 평화유지활동과 한국," 2008년
   4월 국방안보학술회의 발표문(한국국제정치학회 주관), pp.120-123.
9) 이와 관련하여 중요한 지적 중 하나는, 탈냉전 이후 인종·종교 분쟁과 같은 국가 내
   무력갈등이 급증했기 때문에 유엔 평화유지활동이 증가한 것이 아니라, 이러한 형태의
   분쟁은 일단 발생하면 쉽게 해결되지 못하고 장기적으로 지속되기 때문에 냉전시대에
   발생해서 오랫동안 지속되던 분쟁들이 아프리카지역에 상대적으로 집중되어 있었고
   냉전종결 이후 아프리카의 내전과 인종분규에 유엔의 개입이 이전과 비교해 증가했기
   때문이라는 점이다. James D. Fearon and David D. Laitin, "Ethnicity, Insurgency
   and Civil War," *American Political Science Review*, Vol.97, No.1(2003), pp.75-
   90.

로 라크다르 브라히미(Lakhdar Brahimi)가 일군의 전문가들과 함께, 왜 급격히 증대된 유엔 평화유지활동이 성공적인 사례보다는 훨씬 더 많은 실패 사례들을 낳아왔는지에 대한 체계적인 평가를 수행하였다. 브라히미 보고서(The Brahimi Report)라 불리는 이 평가에 따르면, 1990년대 유엔 평화유지활동은 세 가지 핵심적인 문제를 지니고 있었다.

첫째, 안전보장이사회의 위임이 유엔 평화유지활동의 각각의 임무에 대해 너무 모호하게 규정해 왔거나 혹은 너무 희망적인 바램들로 채워져 왔다. 둘째, 안전보장이사회의 위임이 규정하는 임무와 그 임무를 수행하기 위한 회원국들의 노력과 협조가 심각하게 불일치해왔다. 셋째, 이러한 문제들이 복합되어 유엔 평화유지활동이 실제 할 수 있는 역할과 그에 대한 기대에 대한 인식 차이가 회원국들과 안전보장이사회 이사국들, 그리고 분쟁국 당사자들 사이에 심각하였다. 이에 대한 해결책으로 제시한 개혁방안은 평화유지활동 임무에 대한 위임의 규정이 보다 명확하고 현실에 기반해야 하며, 보다 포괄적이며 강력한 평화유지활동을 위해 회원국과 안전보장이사회의 한층 강화되고 신속한 협조와 노력이 필요하다는 것이다. 즉 브라히미 보고서에서 제시한 개혁 방안들이 점진적으로나마 수용됨에 따라, 유엔 평화유지활동은 그 이전보다 더욱 포괄적이고 강력한 방향으로 발전해 온 것이다.

III. 한국에 대한 정책적 함의

앞에서 분석한 확대하고 있는 유엔 평화유지활동은 한국에 어떠한 정책적 함의를 가지는가? 우선 한국의 유엔 평화유지활동의 역사는 1993년 소말리아에 공병부대원 516명(연인원)을 파견한 것을 시작으로, 2014년 4월 현재 레바논의 동명부대와 남수단의 한빛부대를 중심으로 총 630명의 한국군

〈표 3〉 우리나라 PKO 파병 현황

(2014년 2월 기준)

임무단			현재 인원	지역	최초 파병
UN PKO	부대 단위	레바논 평화유지군(UNIFIL)	317	티르	'07. 7월
		유엔 남수단 임무단(UNMISS)	283	보르	'13. 3월
	개인 단위	인도-파키스탄 정전감시단(UNMOGIP)	7	스리나가	'94. 11월
		라이베리아 임무단(UNMIL)	2	몬로비아	'03. 10월
		유엔 남수단 임무단(UNMISS)	7	주바	'11. 7월
		수단 다르푸르 임무단(UNAMID)	2	다푸르	'09. 6월
		레바논 평화유지군(UNIFIL)	4	나쿠라	'07. 1월
		코트디부아르 임무단(UNOCI)	2	아비장	'09. 7월
		서부사하라 선거감시단(MINURSO)	4	라윤	'09. 7월
		아이티안정화 임무단(MINUSTAH)	2	포루토프랭스	'09.11월
소계			628		

이 활동 중이다. 2014년 2월 기준으로 한국은 유엔 정규예산 분담금으로 605억 원(분담비율이 약 1.994%)을 책정하여 전 세계 13위 수준이다. 또한 유엔 평화유지활동 예산은 1,680억 원으로 세계 12위 수준이다. 이는 2011년 한국의 유엔 평화유지활동에 대한 재정지원(세계 10위 수준·전체 소요예산의 2.26%를 차지)에 비해 소폭 하락한 것이다.[10]

한국의 유엔 평화유지활동은 20년이라는 비교적 짧은 기간 동안 주로 지역재건, 의료지원 등의 인도적 지원과 평화정착 업무에 집중해 지역과 임무에 따라 다양한 활동을 전개해 왔다. 한국의 유엔 평화유지활동 참여의 역사에서 볼 수 있는 특징은 다음과 같다.

---

10) 외교부 홈페이지 참조. http://www.mofa.go.kr/trade/un/data/administrative(검색일: 2014년 6월 20일). 참고로 유엔 평화유지활동 인력지원은 세계 33위권이다.

첫째, 전투 부대의 유엔 평화유지활동 참가 비중이 확대되고 있다. 즉 기존의 공병 및 의료지원단 수준에서 다양한 임무를 수행하는 보병부대의 활동이 증대하고 있다.[11]

둘째, 유엔 주도의 평화유지활동에 중심적으로 참여해 오다가, 미국과 같은 국가가 주도하는 다국적 평화유지활동 참여로 범위를 확장하고 있다. 이는 9.11 테러 이후 미국이 진행한 이라크와 아프가니스탄에서의 전쟁 때문이라는 국면적 요인도 존재하지만,[12] 소말리아 해역에 300여 명으로 구성된 청해부대를 파견하여 다국적 평화유지활동에 참여하고 있는 것은 평화유지활동을 통한 국제협력과 공조의 확장이 일어나고 있음을 단적으로 보여주고 있다.

셋째, 유엔 평화유지활동에 대한 국내법적 차원에서의 제도정비가 이루어져 왔다. 국내적으로는 신속한 평화유지활동 참여를 위해 2010년 1월 '국제연합 평화유지활동 참여에 관한 법률(소위 PKO 참여법)'을 제정하였고,[13] 2010년 7월 1일 1,000명 규모의 '국제평화지원단'이 평화유지활동 전담부대(온누리 부대)로 창설되어 해외파병 상비체제를 구축하였다.[14]

---

11) 한국은 1999년 처음으로 동티모르에 보병 1개 대대를 파병하였다.

12) 2001년 한국은 미국이 주도하는 아프가니스탄의 '항구적 자유작전(OEF)'에 공병부대(동의부대), 의료지원부대(다산부대), 공군 및 해군 수송부대를 파견했다. 또한 2003년에 이라크 자유작전에(OIF)에 공병부대(서희부대), 의료지원단(제마부대)을, 2004년에는 3,000명 규모의 자이툰 사단을 파병했다. http://www.mnd.go.kr/mndPolicy/globalArmy(검색일: 2014년 6월 12일).

13) 2006년 7월 이스라엘과 헤즈볼라 간 교전 발생에 따른 동명부대의 파병은 참여요청을 받고 국회의 동의를 얻기까지 4개월, 실제로 파병을 준비하는 데 추가로 7개월이 소요되었다. 파병을 약속한 30개국 중 가장 늦은 파병이었다. 이후 평화유지 활동 활성화를 위한 신속한 해외 파병 시스템 구축에 대한 필요성이 제기되었고, 2010년 1월 22일 아이티 지진 발생의 경우, 한국은 선발대를 안보리 결의 2주 만에, 그리고 본진인 단비부대는 6주 만인 3월 8일에 현지에 도착하는 등 매우 신속하게 이루어졌다. 『중앙일보』, 2010년 3월 9일.

14) 각각 1,000명 규모의 후속지정부대와 기타 지정부대가 편성됨으로써 한국군은 3,000명 규모의 평화유지활동 상비부대를 편성함으로써 평시부터 평화유지활동에 대한 훈련을 할 수 있는 발판을 마련하였다. 『PKO 저널』 제1호(2010년 8월), p.8.

넷째, 평화유지활동 참여를 위한 실질적인 준비과정이 변화하였다. 소말리아에 공병부대를 파견할 때만해도 평화유지활동에 대한 전문성을 가진 국방부 부서나 이에 대한 전문적인 교육을 담당할 교육기관이 부재하였으나, 현재는 국방대학교에 PKO센터가 생겨 연간 10개 과정을 통해 600여 명에게 전문적 교육을 시키고 있으며, 육군본부가 구체적 훈련을 담당하는 체제로 정비되어 왔다.

이와 같이 발전해 온 한국의 유엔 평화유지활동과 관련하여 학자들과 정책 분석가들의 공통적 견해는 한국이 평화유지활동에 보다 적극적으로 참여해야 한다는 것이다. 그 논거로, 첫째, 급변하는 국제안보이슈에 대한 국가적 위상 및 발언권을 제고해야 한다는 것이다. 국제사회에 인적·물적 기여를 통해 세계평화에 실질적으로 공헌해야 한다는 기여 외교적 측면을 강조하는 입장이나,[15] 유엔을 통한 국제협력에 적극적으로 동참하여 중간국가(middle power)로서 세계평화에 기여하여야 한다는 입장이[16] 이에 속한다. 둘째, 유엔 평화유지활동에 적극적으로 참여하는 것은 전략적으로 유용하다는 것이다. 학자들에 따라 다양하게 지적되어온 전략적 유용성의 이유는, 소프트 파워(soft power)시대에 확장된 의미의 국제 평화유지활동을 통해 국력을 증진시킬 수 있다거나,[17] 분쟁지역 작전 체험을 통한 군의 실전능력 향상 및 국제화 효과를 달성할 수 있으며,[18] 적극적인 평화유지활동의 경험 축적을 통해 전문인력을 양성할 수 있다는 것이다.[19] 또한 전략적 유

---

15) 전경만, "국제평화유지활동의 기여외교 정책적 평가와 발전방안," 『국방정책연구』 제26권 2호(2010년 여름), pp.9-43.

16) 서보혁·박순성, "중간국가의 평화외교 구상: 한국 통일·외교·안보 정책의 전환과 과제," 『동향과 전망』 통권 71호(2007), pp.180-181.

17) 고성윤, "해외 파병: 과거 사례의 교훈과 향 후 추진방향," 제6차 국방안보학술세미나 발표문(원광대 군사학연구소 주관, 2010년 5월), pp.32-34.

18) 전제국, "한국군의 해외파병과 한반도 안보: 국제평화활동(PO)의 국익증진 효과," 『국가전략』 제17권 2호(2011), pp.33-67.

19) 조용만, "유엔 PKO활동 분석과 한국 PKO의 전략적 실용화 방안," 『국제정치논총』 제50집 1호(2010), p.186.

용성을 강조하는 입장에서 공통적으로 지적하는 중요한 논거는 북한 급변사태가 발생했을 때 유엔이 축적해 온 평화구축(peacebuilding) 활동을 북한 지역에서 수행할 수 있음을 고려해, 사전 대비 차원 혹은 "전략적 투자"의 차원에서 유엔 평화유지활동에 보다 적극적으로 참여해야 한다는 것이다.

IV. 한국공군의 정책적 함의

1966년 월남전 파병을 위한 제55항공수송단 은마부대의 창설이 우리 공군의 해외 공수 임무의 시초이다. 그리고 1991년 걸프전 당시 다국적군 소속으로 제56항공수송단 비마부대가 처음으로 평화유지활동을 위해 파병되었다. 이후 한국공군은 지난 20여 년간 유엔 평화유지활동에 적극적으로 참여하면서, 평화유지 임무 수행과 관련 국제사회로부터 긍정적 평가를 받아왔다. 대표적으로 2001년 12월 21일, 우리 공군은 첫 번째 유엔 평화유지 공수 임무로 아프가니스탄에 C-130 수송기 2대와 76명의 인원으로 구성된 청마부대를 파견했다. 청마부대는 2003년 12월 임무 종료까지 총 81회에 걸쳐 2,800여 시간을 비행하며 600명의 인력 수송과 310톤의 물자를 수송했다. 2004년 8월에는 제58항공수송단(다이만 부대)을 이라크에 파병했고, 2009년 12월 임무 종료까지 총 2,529회에 걸쳐 6,132시간을 비행하며, 43,875명의 인원과 4,600톤의 화물을 수송하였다.[20]

상기와 같은 공군의 실질적인 활동뿐만 아니라 평화유지활동에 대한 공군의 의식 또한 과거보다 상당히 적극적으로 변모하였다. 먼저 공군은 '전쟁을 억제하고 영공을 방위하며 전쟁에서 승리한다'는 기존의 목표에 더해,

---

20) 대한민국 공군 홈페이지, http://www.airforce.mil.kr/PE/PEF/PEFA_0100.html(검색일: 2014년 6월 17일)

'국익 증진과 세계 평화에 기여'한다는 목표를 최근 새로이 추가했다. 이는 평화유지활동에 대한 적극적 참여를 통해 대한민국의 국격(國格)을 향상시키고자 하는 공군의 확고한 의지를 천명한 것이다. 또한 공군은 1966년 창설된 '제5전술공수비행단'의 명칭을 2013년 7월 '제5공중기동비행단'으로 변경했다. 한국공군은 그동안 수송기를 운용하며 병참공수, 공정, 탐색구조작전, 항공의무후송 등의 공중기동 작전을 수행해 왔다. 하지만 향후 해외 평화유지활동 등과 관련해 작전 반경의 확대와 공중기동 중요성 증가 등의 미래 전장 환경의 변화를 고려해 제5공중기동비행단으로 명칭 변경을 단행한 것이다. 상기와 같은 노력들은 우리 공군이 세계평화유지에 전력하며 한국의 위상을 세계에 널리 알리려는 적극적인 노력으로 긍정적으로 평가할 만하다.

하지만 평화유지활동을 위한 적극적인 활동과 인식의 전환에도 불구하고, 향후 실질적 성과를 지속적으로 창출하기 위해서는, 무엇보다 우리 공군이 평화유지활동에서 중추적 역할을 담당해야만 한다. 그동안 평화유지활동과 관련한 공군의 역할은 공중을 통해 전투 병력과 장비, 물자를 이동시키는 등 소위 '공수 임무'에 국한되었다. 하지만 최근 유엔 평화유지 활동이 평화 강제 임무 중심으로 전개되고 있을 뿐만 아니라 다국적군을 통한 평화유지 활동 과정에서도 군사력의 전략적 투사가 평화유지활동의 성패를 결정짓고 있음에 따라, 파견 국가들의 공군의 역할이 기존의 소극적인 '공수임무'에서 적극적인 '공중기동'으로 점차 확장되고 있다. '공중기동'은 공중을 통해 결정적 시기와 장소에 전력을 효과적으로 이동 및 배치하여 자국의 전략적·작전적 우위를 달성하는 행위를 뜻한다. 즉 우리 공군은 신속하고 완벽한 해외공수를 통해 전투부대·재건부대·의료지원부대 등을 지원함과 동시에, 평화유지 작전의 구상과 수행에 핵심적·주도적 역할을 담당해야 할 것이다.

평화유지활동에서 공중기동의 핵심은 바로 '수송능력'이다. 이는 본토에서 해외 작전지역으로의 장거리 수송능력과 현지에서의 단거리 수송능력으로 대별할 수 있다. 하지만 아쉽게도 현재 한국공군의 수송능력은 그 필요성이나 우리 공군의 위상 그리고 한국의 국력에 비해 부족한 수준이다. 수송능력의 열세는 평화유지활동 수행 과정에서 우리 군의 생명과 안전을 위태롭게 하고, 때때로 한국의 국격을 손상시키는 부작용을 초래한다. 실례로 아프가니스탄의 '항구적 자유 작전' 당시 우리 공군은 필리핀과 싱가포르를 경유, 인도양의 디에고가르시아라는 섬까지 군수물자 및 병력을 공수하였는데, 싱가포르에서 이륙하면 비상착륙기지도 없이 허리케인 등 폭풍우와 난기류에도 불구하고 인도양 상공을 7시간 반 동안 위태롭게 비행하곤 하였다. 또한 2013년 12월, 남수단에 파병된 한빛부대가 일본 자위대에게 소총 실탄 1만 발을 지원받아 큰 논란을 야기한 적이 있다.21) 이 당시 한국이 수송기를 동원해 남수단에 11톤의 군수 물자를 전달하는 데 무려 3일이나 소요되었다. 이는 한국공군의 장거리 수송능력의 부재를 단적으로 보여주는 예로 꼽힌다.

먼저 한국공군은 평화유지활동 지원에 필수적인 중형 전술 수송기 및 대형 전략수송기가 수적으로 부족하다. 현재 한국공군은 중형 전술수송기인 C-130H 12대와 C-130J 슈퍼 허큘리스 4대를 보유하고 있다. 1988년 이후 국내에 도입된 C-130H 수송기는 1991년 걸프전을 시작으로 1993년 소말리아 평화유지군 파병, 1999년 동티모르 평화유지군 파병, 2003년 이라크 파병 등 우리 군의 해외 파병 시 많은 활약을 했다. 하지만 작전 반경이 짧고 화물적재 능력이 부족해 장거리 해외 수송 작전에는 한계가 있다. 이를 보완하기 위해 우리 공군은 최근 개량형인 C-130J 슈퍼 허큘리스를 도입했다. 하지만 이도 도입 예정이었던 7기에서 예산 부족으로 3기 줄어든 4기만 도입되었다.22) 따라서 애초 계획대로 중형 전술수송기를 신속하게 추가 도입

---

21) 한빛부대는 작년 12월 남수단 내전이 재발하면서 주둔지 주변의 군사적 위협이 커지자 12월 21일 유엔 남수단 임무단(UNMISS) 본부에 탄약지원을 요청, 22일 미 아프리카사령부로부터 5.56mm 탄약 3,417발과 7.62mm 탄약 1,600발을, 23일 일본 육상자위대로부터 5.56mm 실탄 1만 발을 지원받았다. 하지만 일본의 실탄 지원을 두고 한일 양국에서 논란이 거세지자 한국은 서울에서 공군 C-130 수송기로 현지에 수송한 탄약과 무기가 도착하자 자위대로부터 빌린 탄약을 2014년 1월 10일 유엔에 반납했다.

22) 금번 도입된 C-130J 슈퍼 허큘리스는 구형인 C-130H보다 엔진 추력은 증가한 반면

해야 할 뿐 아니라, 현재 1기도 없는 대형 전략 수송기 도입도 서둘러야
할 것이다. 하지만 당분간 대형 전략 수송기 도입 계획은 부재한 상황이다.

평화유지활동을 전개하는 현지에서 필요한 중대형 수송 헬기 또한 수적으
로 상당히 부족하다. 한국군이 현재 보유한 대표적 중형수송헬기인 CH-47D
의 경우 육군이 23대를 보유하고 있는 데 반해, 공군은 탐색구조 및 공군
특수부대 지원용으로 겨우 6대만 보유하고 있다.23) 수적인 부족뿐만 아니
라 질적인 차원에서의 문제도 심각하다. 인도와 터키 그리고 캐나다가 최근
CH-47D의 최신 개량형인 CH-47F의 도입을 결정한 데 반해, 우리는 예산
부족으로 중고 구형 모델 도입으로 전력 부족을 대체할 예정이다. 이마저도
평화유지활동 전용으로 할당되거나 배치된 헬기는 단 1대도 없다. 그렇다면
우리 공군이 평화유지활동을 전개하는 데 있어 중대형 수송기와 헬기가 필
요한 구체적 이유는 무엇인가? 다음과 같은 세 가지 이유를 제시할 수 있다.

첫째, 국제사회의 요구에 적극적으로 대응하기 위해서이다. 앞서 살펴본
바와 같이 오늘날 유엔 평화유지 활동은 급격히 확장되고 있고, 특히 과거와
달리 무력 사용을 허용하는 평화강제 임무가 대부분이다. 이러한 추세를 감
안해 볼 때 향후 한국의 유엔 평화유지활동은 기존의 공병과 의료진 파견
중심에서, 좀 더 복합적이며 적극적인 임무를 수행할 가능성이 높다. 특히
최근의 추세를 감안해 볼 때 국가 간 분쟁보다 내전과 같은 국가 내 분쟁
지역에 장기간 주둔하며 인종 학살과 같은 반인륜적 범죄에 적극적으로 대
응할 것으로 예상된다. 따라서 현지 무장 세력과의 전투에서 신속히 우세를
점하고, 우리 측 부상병들을 일거에 그리고 용이하게 후송하기 위해서라도
평화유지활동만을 전담하는 '중대형 수송 헬기'가 필요하다. 또한 반군 세력

연료소모는 줄어들어 최대 순항속도와 거리가 약 30% 증가하였다. 하지만 최대 순항
거리가 5,200km에 달하지만 화물적재 능력이 19톤에 불과하기 때문에 대규모 작전
수행에는 여전히 한계가 있다.

23) 공군의 경우 CH 47D의 개량형인 HH-47D 6대를 보유하고 있다. 현재 육군은 기존
23대에 더해 주한미군이 운용중인 구형 CH 47D 14대를 도입할 예정이다. 방위사업
청은 CH 47F의 도입 대신, 향후 CH 47D의 개량화 사업을 진행할 계획이다.

이 압도적인 재래식 화기로 우리 주둔군의 생명과 안전을 심각하게 위협하는 경우, 본토에서 병력 및 병참을 신속하게 대규모로 지원해야만 할 것이다. 이러한 경우를 대비해 '장거리 대형 전략 수송기' 또한 도입되어야 한다.[24)]

둘째, 전투병 파병이 중심인 평화강제 임무는, 반드시 내전국의 지속가능한 평화를 위한 다차원적 평화구축 활동을 동반한다. 이 경우 한국이 그동안 성공적으로 수행했던 공병과 의료진 중심의 활동 이외에, 경제 재건과 정치제도 수립 등과 관련한 민간인 전문가들 또한 대거 파견될 가능성이 높다. 즉 민간인 중심의 비군사적 차원에서의 활동 참여 폭이 확장될 경우를 대비해, 이 경우 두 가지 차원에서 증강된 수송 전력이 필요하다. 먼저 유사시 우리 민간 전문가들의 신속한 구난을 위해서이다. 현재 한국 평화유지군이 활용하고 있는 차량과 장갑차등은 수송 능력과 기동성이 상당히 제한적일 뿐만 아니라, 수송 과정에서의 방어적 취약성이 높기 때문에 성공적인 구출을 장담할 수 없다. 또한 무력 분쟁이 심각할 경우 미국이나 여타 국들의 공군 수송능력을 차용하기도 쉽지 않을 것이다. 자국 국민들 보호에 우선적으로 투입될 것으로 예상되기 때문이다. 따라서 우리 독자적 능력으로 전투병들을 호위하면서 동시에 구난 활동을 전개할 수 있는 다목적 중대형 수송 헬기가 반드시 필요하다.

셋째, 중대형 수송 능력의 향상은 비단 평화유지 활동뿐 아니라 다양한 영역에서 그 효과를 기대할 수 있다. 먼저 '자국민 보호' 차원의 새로운 역할을 기대하고 대비할 수 있다. 예를 들면 테러 등으로 인해 인질로 잡힌 해외의 우리 국민을 구출하거나[25)] 국제적 분쟁의 과정에서 우리 교민들을 신속

---

24) 현지 무장 세력의 재래식 화력에 대응할 수 있는 효과적 무기체계인 K21과 우리 군의 안전한 이동을 가능케 해줄 지뢰방호차량(MRAP) 등은, 본국에서 선박이나 대형 수송기로만 운반이 가능하다.

25) 수송기가 투입된 대표적인 작전으로는 엔테베 특공작전이 있다. 엔테베 특공작전은 1976년 7월 3일부터 4일까지 이스라엘 특수부대가 팔레스타인 테러리스트들에게 납치된 항공기 인질을 구출하기 위해 전격적으로 실시한 기습 작전이다. 당시 작전에 동원된 이스라엘공군의 C-130 수송기는 이스라엘에서 이륙하여 아프리카 우간다의

하게 본국으로 생환시키기 위해서라도 중형 및 대형 수송기가 필요하다. 아울러 국제적 재해·재난지역의 긴급구호를 위해서도 효과적 활용이 가능할 것이며, 이를 통한 국격의 상승을 기대할 수도 있다. 2010년 아이티 지진 사태 당시 세계 각국은 자국의 국격을 높이고 과시하기 위해 경쟁적으로 구조 및 재건 활동에 나선 바 있다.[26] 당시 한국의 소방 방재청 119국제구조대와 관련 구호 인력들은 일반 항공기를 타고 도미니카에 도착 후 육로를 통해 현지로 이동하여 구호 작업을 수행했다. 당시 이들이 공군 수송기를 이용하지 못했던 이유는 공군 당국과의 전략적 협력관계가 구축되지 않았던 이유도 있지만, 기본적으로 가용할 수 있는 장거리 수송능력이 부족했기 때문이다. 당시 프랑스와 스페인을 비롯한 주요국들이 자국 공군 수송기를 동원해 구호 및 소방인원들을 신속히 파견했던 사실을 반면교사해볼 필요가 있다.

V. 결론

오늘날 유엔 평화유지활동은 질적·양적 차원에서 급격히 확장되고 있다. 특히 최근 유엔 평화유지활동을 면밀히 살펴보면 두 가지 차원의 질적인 변화가 두드러진다. 첫째, 과거와 달리 유엔 헌장 7장에 기반하여, 파견될 국가의 동의 여부와 무관하게 유엔 평화유지군을 신속히 파견할 수 있는

엔테베 공항까지 4,000km의 거리를, 이집트와 사우디아라비아의 방공망을 피해 가며 20m가 안 되는 초 저공비행으로 침투하는 데 성공한다. C-130 수송기에서 내린 100여 명의 특수부대원들은 인질들을 성공적으로 구출하고, 이들과 함께 이스라엘로 귀환하였다.
26) 아이티는 6.25전쟁 때 한국에게 2,000달러(현재 시세로는 90억 원 내외)를 지원한 바 있다.

방안이 선호되고 있다. 둘째, 평화유지활동의 성격을 보면 평화강제 임무를 포함한 다차원적 평화유지 업무가 대부분이다. 이 경우 유엔 평화유지군에게 부여될 수 있는 무력사용의 범위와 정도가 훨씬 폭넓고 강력하게 위임된다. 한국의 경우 활동 초기 지역재건과 의료지원 등의 인도적 지원과 평화 정착 업무에 집중해 왔으나, 최근 급변하고 있는 평화유지활동의 질적 변화의 추세 속에서 한국의 국제적 위상을 제고하기 위한 적극적인 노력을 경주하고 있다. 첫째, 기존의 공병 및 의료지원단 활동 중심에서, 전투 부대의 유엔 평화유지활동 참가 비중이 점차 확대되고 있다. 둘째, 유엔 평화유지활동뿐만 아니라 다국적 평화유지활동에 대한 적극적 참여로 참여의 범위를 확장하고 있다. 셋째, 소위 'PKO참여법'과 평화유지활동 전담부대를 창설하는 등 국내법적 차원에서의 제도정비가 이루어져 왔다. 마지막으로 평화유지활동에 대한 전문 인력 양성에도 적극적으로 나서기 시작했다.

한국은 이러한 노력을 통해 국가적 위상 및 발언권을 제고하며 중간국가(middle power)로서 세계평화에 적극적으로 기여할 수 있고, 아울러 분쟁 지역 작전 체험을 통한 군의 실전 능력 향상 및 국제화 효과 또한 달성할 수 있을 것이다. 이러한 국가 이익 측면과 전략적 측면의 기대효과를 달성하기 위해서는 무엇보다도 우리 공군의 역할이 중요하다. 먼저 평화유지활동과 관련한 공군의 역할과 그 성격을 단순한 물자 및 인력 수송에 국한한 '공수 임무'에서 '공중 기동'으로 전환해야 할 것이다. 즉 우리 공군이 평화유지 작전의 구상과 수행에 핵심적·주도적 역할을 담당해야 할 것이다. 이는 최근 평화유지활동의 추세에 부합하는 전략적 탄력성을 갖추기 위해서도 필요한 변화이다. 둘째, 평화유지활동에 참여하는 우리 공군의 수송능력을 강화해야만 한다. 한국공군은 탁월한 소프트웨어적 능력에 비해 하드웨어적 체계는 상대적으로 미흡한 수준이다. 특히 중대형 전술·전략 수송기와 수송 헬기의 부족은 신속하고 효과적인 평화유지활동을 추진하는 데 장애가 되고 있다. 이는 평화유지활동에 참여하는 우리 병사들과 민간인들의 안전을 위협할 뿐만 아니라, 나아가 한국에 대한 국제사회의 기대와 요구에 적극적으로 호응하지 못하게 함으로써 결국 한국의 국격 손상을 초래할 수 있다. 따라서 한국이 평화유지활동의 지속 가능한 성과를 창출하기 위해서는 공군의 역할에 대한 인식 제고와 더불어 수송 능력을 향상시키기 위한 적극적 지원이 필요하다. 평화유지활동의 성패는 '수송능력'에 달려 있다.

• 참고문헌 •

서보혁·박순성. "중간국가의 평화외교 구상: 한국 통일·외교·안보 정책의 전환과 과제."『동향과 전망』통권 71호. 2007.

전경만. "국제평화유지활동의 기여외교 정책적 평가와 발전방안."『국방정책연구』제26권 2호(2010년 여름).

전제국. "한국군의 해외파병과 한반도 안보: 국제평화활동(PO)의 국익증진 효과."『국가전략』제17권 2호. 2011.

정재관·정성윤. "유엔 평화유지활동에 대한 이론적 논쟁."『국방연구』(국방대학교 국가안전보장문제연구) 제55권 2호. 2012.

조용만. "유엔 PKO활동 분석과 한국 PKO의 전략적 실용화 방안."『국제정치논총』제50집 1호. 2010.

조윤영. "유엔의 평화유지활동과 한국." 국방안보학술회의 발표문(한국국제정치학회 주관, 2008년 4월).

외교통상부 유엔과.『PKO국제회의 자료집』.

『PKO 저널』제1호(2010년 8월).

_____ 제3호(2011년 7월).

Boutros-Ghali, Boutros. *An Agenda for Peace: Preventive Diplomacy, Peace-making and Peace-keeping.* A/47/277-S/24111. June 1992.

Doyle, Michael. "War Making, Peace Making, and the United Nations." in Chester A. Crocker, Fen Osler Hampson, Pamela R. Aall, eds. *Turbulent Peace: The Challenges of Managing International Conflict.* USIP Press, 2001.

Doyle, Michael, and Nicholas Sambanis. *Making War and Building Peace: United Nations Peace Operations.* Princeton University Press, 2006.

Fearon, James D., and David D. Laitin. "Ethnicity, Insurgency and Civil War."

American Political Science Review, Vol.97, No.1. 2003.

United Nations. *The Blue Helmets: A Review of UN Peacekeeping Forces.* 1996.

_____. *Handbook on UN Multidimentional Peacekeeping Operations.* 2004.

_____. "UN Peacekeeping Operations: Meeting New Challenges." DPI/2350/ Rev.2. June 2006.

_____. *United Nations Peacekeeping Operations: Principles and Guidelines.* 2008.

_____. *Peacekeeping Fact Sheet.* 2014.

Virginia Page Fortna. *Does Peacekeeping Work? Shaping Belligerents' Choices after Civil War.* Princeton University Press, 2008.

국방부 홈페이지(http://www.mnd.go.kr/mndPolicy/globalArmy).
외교통상부 홈페이지(http://www.mofat.go.kr).
http://www.airforce.mil.kr/PE/PEF/PEFA_0100.html
http://www.gov.cn/english/official/2005-08/17/content_24165
http://www.mofa.go.kr/trade/un/data/administrative
http://www.pko.go.jp/PKO_J/data/other/pdf/data01.pdf
http://www.un.org/Depts/dpko/chart.pdf
http://www.un.org/Docs/SG/agpeace.html
http://www.un.org/en/peacekeeping/documents/bnote010101.pdf
http://www.un.org/en/peacekeeping/operations/peacekeeping.shtml

제 3 부

Round Table

한국형 전투기(KF-X) 개발과 항공우주력의 도약

7

보라매사업의 현주소와 향후 추진 방향

김종대 | 디펜스 21+

보라매사업은 공군의 노후 전투기를 대체하기 위한 미디엄급 전투기를 연구·개발하여 전력화하는 사업으로 여기에는 두 가지 전제조건이 있다. 첫째, 개발비를 40% 분담하고 선 시장 확보가 가능한 공동의 개발 파트너를 확보한다는 것이다. 둘째, FX 사업과 연계하여 기술협력선(TAC)를 확보한다는 것이다. 이러한 조건에 의해 국방부와 공군, 방위사업청은 지난 12년간 준비를 진행해 왔다. 그러나 지금 이 사업은 분명 위기에 처해 있다. 체계개발을 착수하는 시점에서 의사결정이 지연되고 사업 추진의 주도권 경쟁, 재정 부담에 대한 상이한 의견으로 사업 자체 성사 여부가 불확실해져가고 있다.

I. 의사결정의 문제

박근혜 정부에서 진행되는 차기전투기 사업(FX)에 이어 올해 추진되는 한국형 전투기 개발사업(KFX, 일명 보라매사업)에서 이상한 일이 반복되고 있다. 약 8조 3,000억 원이 투입될 것으로 예상되던 FX는 방위사업청이 2년간의 검토를 거쳐 2013년 8월에 가격입찰까지 마친 상태였다. 그런데 돌연 작년 9월에 김관진 국방부 장관이 주재한 방위사업추진위원회가 방사청의 입찰 결과를 부결시키고, 그 대신 국방부 TF를 별도로 운영하더니 미국이 개발 중인 F35를 수의계약하는 것으로 정책을 바꿨다. 6조~8조 원이 투입될 것으로 예상되는 KFX는 지난 12년간 방위사업청과 전문기관의 검토를 마치고 2014년 1월에 사업 추진이 결정될 예정이었다. 그러나 국방부는 이를 연기시키고 2월에 국방부에 TF를 만들어 이제껏 방사청의 업무 추진과 무관한 별도의 검토를 하고 있다. 이어 5월에는 방위사업청이 국방연구원(KIDA)에 KFX 추진 타당성에 대한 연구용역을 또다시 발주하였다. 이 연구용역은 아마도 재정 부담을 우려한 정부가 KFX를 지연시키기 위한 명분 쌓기 아니냐는 의심이 확산되면서 새로운 혼란까지 초래되고 있다. 재정당국(기획재정부)과 국방부(TF), 방위사업청, 공군, 업체 등 서로 다른 목적을 지향하는 행위자들에 의한 갈등과 혼란이 증폭되는 상황이다.

결론부터 말하자면 이렇게 검토 따로, 결정 따로 하는 국가의 국책사업은 그 자체로 성공 가능성을 잠식한다. 방사청은 엄연히 국방부의 지침을 받는 외청 기관이다. 또한 대규모 국방무기 획득사업은 기획재정부의 총사업비 관리지침에 따라 전문기관이 사업타당성을 조사하도록 되어 있고, 이 과정에서 국방부, 방사청, 합동참모본부, 각군의 의견이 모두 종합되며 모든 정책적 대안이 분석된다. 그 검토 결과를 토대로 사업 추진 방향이 결정되어야 하는데, 마지막 순간에 국방부가 나서서 방위사업법 등 어떤 획득절차에도 없는 임의조직인 TF를 만들어 모든 걸 다시 결정하는 행태는 법절차와 시스템에 대한 불신으로 보여진다. 보라매사업의 경우는 이미 전문기관의 검토 결과를 반영하여 국회가 사업 착수 예산까지 승인한 상황이었다. 그런데 돌연 그 정책검토와 다른 결정이 내려질지도 모른다면 애초 타당성 검토는 왜 했는지, 기존 연구결과를 신뢰할 수 없다면 새로 착수되는 연구는 과연 과거 연구의 무엇이 보완되었는지도 의문이다. 그보다는 의사결정을 지연하거나 사업을 견제하기 위한 명분 쌓기로 연구용역이 악용되는 정황이 더 우려를 자아내고 있다. 이 과정에서 정부의 사업결정 시스템에 대한 총체적 불신이 고조되고 있다.

II. 외부 환경 요인의 악화

　냉전 이후 지금에 이르기까지 미국은 동맹국에 대해서도 기술 장벽을 높이면서 범세계적인 기술 패권 정책을 지속적으로 강화하고 있다. 군사기술은 미국의 국제정치 리더십을 뒷받침하는 핵심 요소이며, 미국이 압도적인 우위로 패권국 지위를 유지하게 하는 핵심 역량이다. 이에 미국은 동맹국의 전투기 개발에 대해서도 극히 부정적인 태도를 보인다. 일본의 F-2 전투기, 이스라엘의 Lavi 전투기는 이로 인해 개발이 중단된 바 있고, 대만의 IDF 역시 같은 이유로 경공격기 수준으로 다운 그레이드된 바 있다. 단 한 번도 동맹국의 전투기 개발을 지원한 바 없는 미국의 기술 보호정책을 어떻게 돌파할 것인지, 현재 한국 정부의 정책수단은 모호한 상황이다.

　한편 방사청은 미 정부의 수출승인(E/L) 불허 품목이라고 할 수 있는 AESA 레이더, IRST, BOTGP, RF Jammer 등 51개 품목에 대해 미국에 기술 이전 및 개발비 분담을 요구하고 있다. 록히드는 이에 대해 FX 사업의 절충교역은 이행하되, 미 정부의 E/L 불허 품목은 자사가 담당하고 개발비 분담은 불가하다는 입장을 고수하고 있다. 이에 방사청은 제3국(Saah, IAI) 등 개발 파트너를 검토 중이지만 미 정부가 T-50, FX 절충교역으로 한국에 제공한 자국 군사기술의 제3국 기술 유출을 불허하기 때문에 기술소유권 분쟁이 불가피한 상황이다. 즉 한국 정부는 이 문제에 대해 정책적 수단이 미흡한 매우 불리한 입장이다. 실제로 방사청과 록히드 간에 진행된 FX 절충교역 협상에서 핵심기술 이전에 대한 보증을 받아낸 실적이 현재로선 매우 부진한 상황이다. 이는 애초 FX와 KFX를 연계한다는 사업추진 전략에 적신호라고밖에 볼 수 없다. 5월의 공군 시험평가단의 미국 방문 당시에 미 측은 KFX가 아직 형상이나 성능이 결정되지 않은 상황에서 추가적인 협상의 여지가 적다는 점을 우리 측에 통보했다.

한편 KFX의 공동개발 파트너인 인도네시아는 미국의 동맹국이 아니고 이슬람 영향력이 강하기 때문에 미국은 이에 대해서도 난색을 표명하고 있다. 여기에다 인니는 20%의 개발비를 분담과 50대 수요 물량을 내세우고 있지만 전 분야 개발 참여(Co-Prime) 방식과 시제기 조립, 비행시험 수행을 자국이 일부 담당하겠다고 주장하고 있다. 이에 대해 한국은 인니에 대해 제한적 개발 참여(Prime-sub)를 제시하며 시제기와 비행시험 수행은 한국의 영역임을 주장하여 난항을 겪고 있다. 유럽의 항공기 공동개발 사례를 볼 때 2개국 이상의 공동개발이 진행되면 개발비는 단일국 개발 대비 1.4배가 증가하고 개발일정은 1.2배 지연되는 것으로 알려져 있다. 이에 방사청은 인니 측의 요구에 대해 수용이 불가하다는 입장이며 다른 한편으론 미국에 인니 참여 시 E/L 범위에 대한 의견을 요구하는 실정이다. 이 역시 KFX 추진에 있어 커다란 난항으로 예상된다. 한편 록히드 측은 미국의 훈련기사업(T-X) 예산확보 차원에서 그간 T-50 개발비는 분담하였지만 보라매사업에 대한 투자는 불필요한 것으로 판단하고 있다. 이런 록히드의 입장을 견제할 수 있는 대책이 요구되지만 국방부는 거꾸로 FX 사업을 경쟁계약이 아닌 수의계약으로 전환함으로써 우리의 협상 역량 자체는 극도로 위축되는 조치를 취하였다.

III. 내부 성공 요인의 약화

한국형 전투기 개발을 성공시킬 수 있는 우리 내부의 핵심 역량과 성공 요인이 제대로 관리되고 있는지에 대한 의문이 제기된다. 방위산업의 특성상 정부가 무기체계 개발에 소요되는 예산을 부담하는 상식이지만 오직 한국만 국내 업체와 TAC에 대한 개발비를 부담하는 복잡한 사업관리 방식을 고수하고 있다. T-50과 KHP에서 이미 이와 같은 방식이 적용된 바 있고, 방사청은 앞으로 무기체계 개발의 전 분야에서 업체의 투자를 요구하고 있는데, 이는 아무리 재정적 압박을 받고 있는 정부의 입장을 이해한다 하더라도 장기적으로는 우리의 획득 기반 자체를 크게 위축시키는 현상이다. 따라서 개발비를 분담해야 하는 업체 입장에서는 사업관리에 자신의 의견이 반영될 것을 강하게 요구하게 되는데, 이것이 최근 KFX의 성능을 결정하는 데 정부와 업체가 소모적인 갈등과 논쟁을 유발하게 된 일차적 배경이 된 것으로 보인다.

복잡한 사업관리 방식에다가 우리의 개발기관의 역량에도 의문이 제기된다. 현재 국방과학연구소(ADD)는 항공기를 개발할 수 있는 기관이라기보다 연구개발 사업 관리에 치중하는 관료집단이라는 성격이 더 강하다. 대부분의 연구개발을 자신이 수행하는 것이 업체에 외주용역을 발주하여 수행하고 있다. 연구개발비의 태반이 시제비 명목으로 외주용역으로 발주되는데, 그나마도 노무비 수준에도 미달되는 최저가 입찰 제도를 선호함으로써 부실한 연구개발을 양산하는 경향마저 있다. 이런 가운데 개발의 주도권이 국과연이냐, 업체냐를 두고 지난 노무현 대통령 시절부터 지금에 이르기까지 소모적인 논쟁을 거듭하는 상황이다. 한편 업체의 경우도 지난 T-50 개발 당시의 성공요인이 제대로 보존되고 있는지 의문이다. 1990년대의 T-50 개발은 당시 삼성의 조직력과 핵심인재 투입, 전략적 투자가 성공요인으로 작동했다면 지금은 사업을 관리해 본 전략적 두뇌가 대부분 유실되었고 투자 역량이 당시에 훨씬 못 미치는 상황이다. 단지 엔지니어 집단만이 그런

대로 유지되고 있다고 할 수 있으나 이에 대한 관리 역량 및 전략적 사업 추진을 위한 기획, 계획, 실행 능력 전반에 재정비와 개선이 요구된다.

국가적 차원에서 사업 추진을 위한 전략 두뇌들의 결집이 이루어지지 않은 상황에서 정부와 업체가 각기 아전인수식으로 사업추진을 주장하는 상황이 바로 현재 상황이다. 외부의 사업 추진 환경이 악화된 상황에 대해서는 가급적 언급조차 회피하고 내부의 핵심 역량을 확보하는 노력이 미흡한 상황에서 예산만 우선 확보하고 보자는 것으로 국민들에게 비쳐지고 있다. 여기에다 국내 항공 산업 육성에 대한 정부의 의지가 불확실하고 청와대가 의사결정을 고의로 지연하는 행태를 보이는 것도 사업 성공에 대한 확신과 신념의 결여로 인식하게 하는 대목이다. 이제껏 청와대 안보실은 전투기사업에 대한 논쟁이 확대될 때마다 '의견 수렴'을 이유로 논쟁을 더 부추기는 행태만 되풀이했다.

IV. 향후 추진방향

보라매사업은 한국공군의 전력화 사업 중 최우선적인 사업으로서 가장 중요한 것은 공군의 전력 소요 충족이다. 그러나 지금은 이 사업을 추진함에 있어 핵심 기술 이전, 개발비 분담 파트너 확보, 수출 시장 확보라는 다양한 요구가 동시다발적으로 분출됨으로써 사업 추진의 효율성이 극도로 저하된 상황이다. 이렇게 요구사항이 많다면 애초 이 사업의 목표인 공군의 전력화 충족은 뒷전으로 밀리게 되며, 본말이 전도되는 이상한 상황을 초래하게 된다.

그렇다면 이 사업의 최우선순위가 무엇이며, 부수적인 목표는 무엇인지를 구별할 수 있어야 한다. 우리가 통제할 수 없는 미 정부의 기술 이전 불허 품목에 대해서는 보라매사업과 별도의 연구과제를 통해 개발 후 장착하는 유연하고 탄력적인 접근도 얼마든지 고려해 볼 만 하다. 예컨대 T-50 개발 시 비행제어/무장제어/소프트웨어는 대부분 미국에 의존하였지만 이 당시 문제를 해결하지 않고 FA-50 개발 시에 소프트웨어 상당 부분을 국산화하고 국과연과 지경부 과제를 통해 기술자립화를 추진한 사례를 참고해 볼 필요가 있다. 그런데 지금 양상을 보면 수요군의 최고성능 전투기 요구와 기술자들의 기술 확보 요구가 제어되지 않고 엉성하게 결합되면서 KFX가 미디엄급이 아닌 세계 최고 성능의 전투기로 잘못 인식되는 경향까지 존재한다. 이런 무분별한 요구가 사업 자체를 무산시킬 수도 있다는 점을 고려하지 않는 아전인수식, 조직 이익을 우선시하는 관료적 행태가 아닐 수 없다.

한편 이 사업의 최고 걸림돌은 미국의 기술 패권 정책과 록히드 측의 개발비 분담 거부이다. 스웨덴의 JAS-39 개발 시에는 자체 개발 능력이 부족하자 핵심기술에 대해서는 미국(비행제어), 유럽(AESA 레이더 등)에 대해 적정 개발비를 지불하고 구매한 사례를 참고해 볼 필요가 있다. 한편 인니의 과도한 기술이전 정책과 요구사항에 대해서는 우리가 수용이 곤란한 것으로 평가된다. 이 문제를 해결하는 유일한 방법은 개발비에 대한 정부 예산 증액 뿐이다. 우선 FX 사업물량 축소(60대 ▶ 40대)에 따른 예산 절감분이 있는지, 이를 KFX 증액으로 연결할 수 있는지에 대한 정책적 판단이 필요하다. 또한 록히드의 개발비 분담 거부, 인니의 공동개발 철회에 따른 예산 증액분을 조기에 반영할 수 있는지의 여부에 대한 판단도 요구된다.

그러나 최근 정부의 논의 동향을 살펴보면 이런 문제를 조기에 해결할 의지가 있는 것이 아니라 사업 결정을 차일피일 미루기 위한 명분쌓기에 지나지 않을 뿐만 아니라, 스스로 어려운 결정을 할 수 있는 결단력도 부족한 것으로 평가된다. 그러한 정치적 리더십의 개선이야말로 이 사업 추진에 있어 가장 긴요하다고 할 것이다.

8

한국형 전투기:
동북아 미래전 대비한 핵심 역량

김태형 ㅣ 숭실대학교

한 국가의 무기체계는 주변 안보환경과 위협요인, 국가적 역량에 기초하여 수립되어야 한다. 기존의 주력 전투기들이 차례로 도태되어 새로운 전투기 기종이 그 공백을 메워야 하는 2025년 이후의 동북아 안보환경은 어떻게 변화할 것이고 우리의 전략과 무기체계는 어떻게 대응해야 할 것인가?

I. 2025년 이후 동북아 안보환경

미래의 안보환경을 예측하는 것은 쉽지 않다. 대략 현재의 추세에 맞추어 유추해 볼 수 있는 것은 미중 갈등이 지속되거나 악화될 가능성이 많다는 점이다. 중국의 급속한 부상과 미국의 상대적 쇠퇴로 야기된 동북아 세력균형의 균열이 가속화되어 향후 10여 년 후에는 많은 전문가들이 예상하듯이 미중 간의 세력전이(power transition)가 일어나고 있을 가능성도 농후하고 따라서 분쟁과 갈등의 소지는 더 늘어날 수 있다고 하겠다. 중국은 2010년 이후로는 기존의 도광양회 원칙을 벗어버리고, 군사굴기라고 불릴 정도로 군사력 현대화를 위해 노력함과 함께 공세적이고 적극적인 외교정책을 펼치며 주변국과 외교적 충돌을 마다하지 않고 있다. 이러한 중국의 공세적인 행보는 시진핑 주석이 미국 방문 시 밝힌 신형대국관계라는 미중간의 새로운 관계설정에서 나타나듯이 중국의 경제적, 정치적, 군사적 성장에 따른 자신감의 표현이라고 볼 수 있을 것이다.

이러한 중국의 현상타파적 국가(revisionist state)로서의 행태는 상당 기간 계속될 것으로 보이고 따라서 미중 라이벌 관계 격화와 주변국과의 충돌 가능성도 고조될 여지가 많을 것으로 보인다. 이와 함께 미국의 상대적 쇠퇴가 현재의 추세대로 진행된다면 향후 미국의 지역 동맹국들에 대한 공약(commitment)을 기대하기 힘든 상황이 올 수도 있다. 작금에도 국방비 삭감과 지구촌 곳곳에서 벌어지는 분쟁에의 기대치에 못 미치는 대응으로 동아시아 지역에 대한 미국의 역할과 관련하여 신뢰(credibility)가 많이 감소한 상황인데 앞으로 이러한 상황이 나아질 것으로 보이지 않는다. 현재 이러한 우려를 불식하기 위해 미국이 추진하는 안심시키기(reassurance) 전략도 조만간 한계에 봉착할 가능성이 많아 보이는 것이다. 미국의 역할과 영향력이 축소되고 중국의 부상과 영향력 확대가 가속된다면 기존의 해상 수송로 확보와 에너지의 안정적 수급을 위한 경쟁이 격화될 것이고 미국의 약화된 안보우산에 국가안보를 기대하기 힘들어지는 한국의 입장에서 확실한 자구책 마련에 나서야 할 것이다.

보다 구체적으로 2020년대 중반 이후의 동북안 안보 상황에 대한 그림을 보면 중국 정부가 대만, 조어도 등 주변국들과 민감하게 부딪히는 도서, 해양수로를 모두 포함하는 도련선(Island Chains) 내에 포함시키고 이러한 도련선 범위 내에서 미국의 접근을 막으면서 해상작전을 용이하게 수행하기 위해 고안한 반접근/지역거부(Anti-Access/Area Denial) 전략이 더욱 의욕적으로 추진될 가능성이 많다. 따라서 중국의 해공군력 강화, 우주작전 능력 강화, 단거리 탄도미사일 수량, 성능 강화 노력이 가시화되어 상당한 위협 요인으로 다가올 것이다.

일본의 우경화 정책이 지속될지는 확실하지 않지만 미국의 아시아 중시 정책(Pivot to Asia), 또는 아시아로의 재균형(Rebalancing) 정책과 맞물려 진행되는 집단 자위권 행사를 통한 군사력, 특히 해공군력 증강 노력이 상당 수준 진행되어 있을 가능성이 많다. 즉 일본의 전략적 이해가 안정적 해상 수송로 확보와 해상영토의 보호에 있기에 중국과의 군비경쟁 격화와 지역 안보 딜레마가 더욱 심화될 것으로 보인다. 이렇게 불확실한 동북아 안보 상황에서 미국이 여전히 유일 강대국의 지위를 확고하게 유지하면서 지금처럼 막강한 군사력 투사 능력을 발휘하며 역외 균형자(offshore balancer)로서의 역할을 충실히 할 수 있을지 의문이다.

II. 2025년 이후 한국의 안보전략

이렇게 더욱 위협적인 가능성이 많은 안보환경에서 한국에게 필요한 군사력과 전략은 현재보다는 더욱 한반도라는 지리적 한계를 탈피하여 고려되어야 할 것으로 보인다. 즉 2025년 이후의 전략 환경에 따른 무기체계 개발과 관련하여 현존 한국 군사력의 주 대상인 북한에 국한하여 생각하는 것은 제한되고 주변국에 의한 위협 요인을 더욱 충분히 고려해야 하는 것이다. 따라서 주변국의 무기 현대화와 무기 획득 프로그램을 면밀히 주시하여 그에 맞는 전략을 수립해야 한다. 특히 해상과 공중 영역이 군사력 충돌의 가능성이 높은 동북아의 지리적인 특성을 염두에 두고 우리의 해상, 육지 이익에 대한 확실한 보호를 위한 거부(denial) 전략을 면밀히 개발해야 할 것이다. 확고한 억제력 확보에 주목하되 유사시 상대방의 행동에 대해 강압(coercion)을 통해 변화시키는 방법도 포함되어야 한다. 전통적으로 재래식 무기 체계가 동원되어 상대방이 추구하는 목표(특정 영토 포함)를 성취하기 위한 전략을 좌절시키는 거부(denial) 전략이 가장 효과적인 강압의 방법이기에 이런 요소들을 잘 배분하여 전략을 수립하고 무기체계를 선별하여야 할 것이다. 또한 공격 목표를 설정하려면 타깃에 대한 정밀한 정보수집이 요구된다. 짧은 지점의 목표는 전술기로도 정보수집이 가능하지만 1,000km의 작전 반경을 운용하려면 최소 2,000km 이내의 정보 수집이 요구되기에 인공위성의 지원이 필수적으로 요구된다. 한국은 제한된 지역의 정지 위성과 근거리(정확도 향상) 순회 위성을 적절히 보유 및 활용해야 하는 것이다. 2025년까지는 전시작전권을 한국이 가져올 가능성이 많다고 본다면 그때도 주요 위성 제공 정보를 미군에만 의존 하는 것은 불가하다. 위성을 통한 정확한 정보 수집 기능 확보를 위해 우주 역량에도 관심과 투자를 기울여 공중과 우주 공간을 아우르는 진정한 항공우주 전략공군으로 거듭나야 할 것이다.

III. 한국형 전투기 자체개발

이를 차세대 전투기 선정, 도입과 관련하여 생각하면 위의 전략적 사고에 적합한 기종이라야 한다. 즉 주변 안보환경에 적절히 대응해야 하고 뻗어가는 국력에 상응하는 투사능력도 고려함으로써 충분히 억제의 역할을 함과 동시에 필요시 선별적 강압전략의 목표를 달성하는 능력을 가진 전투기가 되어야 한다. 무엇보다도 주변국에 대응하기 위한 필수 능력으로 공격능력이 탁월한 행동반경과 무기 탑재 능력이 있어야 할 것이다. 중국이 추진하는 A2/AD가 그러하듯이 이와 상응하는 1,000km 작전 반경을 기본적으로 보유하고 공중 급유를 받는다면 2,000km 정도의 활동 영역을 가져야 할 것으로 보인다. 무장 탑재 능력도 정밀 유도 무기를 기준으로 세계적인 기준인 500lbs급 12~16발 또는 필요에 따라 더 무거운 폭탄, 미사일 수발을 탑재할 수 있는 능력을 갖춰 어떠한 작전에도 필수적인 작전능력을 갖추고 투입될 수 있기를 희망한다. 따라서 필요한 행동반경과 충분한 무장능력 확보에 유리한 중형(重型) 쌍발엔진 전투기가 필요할 것으로 보이고 소요 전투기 체계에 대한 수입구매보다는 자체개발이 더욱 바람직해 보인다. 불확실한 미래 안보환경과 전략적 요구, 전쟁 양상의 변화를 고려할 때 기존 전투기 성능을 능가하는 4.5세대 이상급 전투기 확보가 필수적이고 자체 개발을 통해서 개발되어야만 필요시 체계의 확장성이나 후속군수지원의 용이성이 담보되기 때문이다. 10여 년 후에도 여전히 위협으로 존재할 수 있는 북한의 핵 등 비대칭 대량살상무기, 그리고 중국과 일본이 스텔스 기능을 갖춘 5세대 전투기를 자체 개발하고 있다는 사실(중국은 수년 내 실전배치 가능)을 고려할 때 차후에 기존의 전투기 형상에 스텔스 기능을 추가해야 할 필요가 있을 수 있는데 그런 경우에도 확장성이 용이한 자체개발 쌍발 전투기가 유리할 것으로 사료된다.

또한 상대국으로부터의 확실한 억제와 필요시 산업, 물류, 군사 타깃에 대한 정밀타격(PGM)(혹은 그렇게 하겠다는 위협)을 통한 거부 전략 달성을 위해서는 적절한 무기장착이 반드시 요구되는데, 미사일 시스템도 자체 개발되어 자체 개발된 medium급 전투기와 수월하게 연동, 호환되어야만 효율성을 극대화하고 해외 공급자의 영향과 간섭에서 자유로워져서 독립적 작전 능력을 향상시킬 수 있기 때문이다. 그리고 작금의 무기 체계가 그러하듯이 원거리 작전 수행능력, 강력한 파괴력이 적에게 심대한 타격을 줄 수 있다는 것은 잘 알려진 바이지만 이를 극대화하는 것은 정밀성과 유연성이다. 비록 강력한 파괴력을 가진 무기를 다수 장착하고 출격한다 하더라도 복잡한 작전 환경에 따라 출격 중에도 목표가 바뀔 수 있고 갑자기 목표가 증가될 수도 있기 때문에 이러한 가변적인 상황에 대응할 수 있는 능력이 있어야 2025년 이후의 작전 환경에 적합한 전투기가 될 것이다. 그러려면 우리 정보용 위성의 도움을 극대화할 수 있는 C4ISR의 기능을 토대로 한 항전장비를 전투기가 갖추어야 하는 것이다.

따라서 이런 목적을 위한 우리 자체의 위성활용으로 SATCOM을 활용할 수 있는 항전 장비의 능력 보유는 필수적이라 하겠다. 수많은 시행착오에도 노력을 멈추지 않는 이웃 중국과 일본의 사례는 시사하는 바가 크다고 할 수 있다.

IV. 결언

향후 동북아 안보환경이 긍정적이고 안정적으로 발전하기를 기대하기에는 세력균형의 균열, 국수적 민족주의의 확산 등 우려할 만한 요소들이 너무 많이 존재하는 게 사실이다. 2025년 이후 지역 안보 상황에 대해 우려하지 않을 수 없는 이유이다. 향후 한국의 안보전략과 무기체계 구입도 이러한 안보환경과 위협요인에 대한 면밀하고 냉철한 평가에 바탕을 두어야 할 것이다. 항공 우주력의 핵심이 될 전투기 획득도 이에 맞추어 진행되어야 할 것이고 안보환경과 주변국 프로그램 등을 냉정하게 고려할 때 기본적 억제 능력 외에 전략적 거부 능력을 보유한 자체 전투기 개발이 지속 가능한 항공 우주력 건설에 가장 적합할 것으로 사료된다.

9

KF-X의 현황과 문제점

이희우 | 충남대학교 종합군수체계연구소

I. KF-X 사업 지연에 따른 문제의 심각성

■ 2019년 이후 전투기 보유 대수 300대 이하
  ○ 적정 규모(430대)의 25% 전력 공백 현실화(국가 안보 문제)
  ○ 조종사 훈련 요구(연간 약 150시간) 충족 불가

■ 그간의 사업 지연에 따른 대책은?(10년마다 전투기 100대 신규 소요 발생)
  ○ F-X/KF-X 외에 2020년대 전력공백 메울 추가 사업 시급(임대 또는 추가 구매)
  ○ KF-X 사업은 10년 이상 지연으로 발생한 차차기 소요 100대를 포함하여 사업 추진 필요성 부각

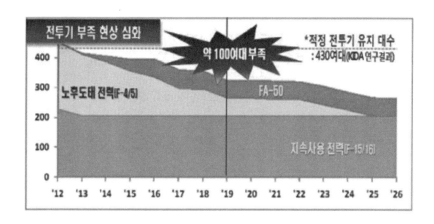

II. 현안 분석

이슈	내용	중요도(영향성)
엔진 수	• 고려요소 - 수요군 선호도 - 가용 자원 여부 - 획득 가능 엔진 - 개발 리스크(기술이전 여건, 국내개발 능력) - 개발 소요 기간 - 경제성 - 시장성 • 의사결정 - 엔지니어링과 사업관리 차원의 판단에 의해 결정 (선진 사례) - 현재의 논란은 매우 이례적	운용 효율성
수출 가능성	• 국내 항공산업 측면 - 정부 투자의 타당성 영향 - 수출 여부에 따라 산업 활성화	예산 집행 타당성

	• 수요군 측면 - 개발비 분담으로 획득 단가 좌우 - 운영유지비에 결정적 영향	
사업 착수 시기	• 금년착수 위험 요인 - 엔진 수 등 현안 이슈 해소 여부 - 예산 확보 여부(업체 및 해외 투자) - 기술이전 협상의 질 • 컨트롤 타워 부재? - 사업주관 부서의 능동적 추진 필요	전력공백 최소화 (국가 안보)

> 현안 이슈들의 중요도 관점에서
>
> • 엔진 수와 수출가능성도 중요한 이슈이나
> • 사업착수 시기 지연 요소가 되어서는 안 됨

III. KF-X 사업과 F-X 사업의 시너지 효과는?

■ 현실태

○ F-X 사업의 지연으로 KF-X 사업 동반 지연

○ KF-X 사업을 위한 기술이전 난항으로 F-X 사업 추진 애로

○ 양개 사업 추진의 시기적 적합성에도 불구하고 **시너지 효과 대신 추진 장애물로 인식**되면서 분리 추진 의견 대두

■ 타국사례

국가	사업 개요	기술이전	시사점
브라질	그리펜NG 36대 45억 달러	100% 기술이전에 의한 자국생산	성능(FA-18, 라팔)보다는 기술이전 조건 선택
인도	라팔 126대 120억 달러	조립생산 AESA 및 전자전 기술 (소스코드 포함)	기술이전을 위해 2년 이상 협상 중
일본	F-35 42대 7.4억 달러(4대분)	38대 조립생산 태평양 허브 정비창 부품생산 / 판매	무기수출금지 해제 (정부간 빅딜)

* 공통점: 전투기 도입사업을 자국 전투기 개발능력 확보에 적극 활용

■ 문제점
　○ F-35 선정 후 기술이전 협상으로 협상력 상실
　○ 양개 사업의 시너지 효과 제고를 위한 총체적 전략 부실

IV. 해결 방안

■ 사업주관기관의 책임 있는 사업 추진 필요
　○ 더 이상의 타당성 검토나 토론 지양
　○ 현안을 종합하여 의사결정을 위한 방안을 마련하고 **책임** 추진
　　- 기재부와의 예산 협상에 집중
　　- 인도네시아 등 해외 투자 및 참여 관련 업무 가속

■ F-X 기술이전에 대한 자주적 협상 절실
　○ 요구수준의 기술 이전과 투자비 확보에 배수진

- 현재 미정부(록히드마틴)는 C-103(KF-X 쌍발 버전)에 대한 기술 이전과 투자에 소극적
- 인도네시아 참여에 따른 미정부의 E/L(수출허가) 우려 해소
- 타국 사례(인도, 브라질, 일본) 참고
○ 협상 대안으로 유럽 전투기의 임대 / 구매 사업과 연계하여 KF-X 기술 확보 대안 마련

10

보라매사업의 비용분석 고찰

신경수 | 국방과학연구소

보라매사업 탐색개발은 2011년 6월부터 2012년 12월까지 우리나라 최초로 국내 주도하 국제공동 연구개발(한국과 인도네시아)로 진행된 사업이다. 국과연과 방산 업체의 엔지니어 약 200여 명이 참여하여 한국형 전투기에 대해 총 3단계의 반복설계와 풍동시험 결과를 반영, 최종적으로 우수한 공력 특성을 가진 차세대 한국형 전투기의 형상설계와 구성품 배치설계를 완료하였다. 또한 이러한 전투기를 개발하는 데 소요되는 기술을 총 432개의 세부기술로 분류하여 기술성숙도를 평가한 결과 TRL 6[1)]이상이 약 90% 수준으로 충분히 국내연구개발 능력을 보유한 것으로 평가되었다. 또한 소요군인 공군에서는 설계 완료된 형상에 대하여 전투기 운용성능, 조종실 운용성, 전투효과도 및 종합군수지원 등의 운용성 측면에서 총 58개 항목를 확인한 결과 모두 양호하다는 평가를 내렸으며 국과연이 수행한 비용분석 결

1) TRL(Technical Readiness Level, 기술성숙도): 기술성숙도는 1부터 9까지의 단계가 있으며, 6 이상이면 체계개발에 진입할 수 있는 것으로 평가하고 있음.

과에 대해서는 미국의 PRICE사와 스웨덴의 SAAB사에 검증을 의뢰하여 신뢰성을 확보하여 체계개발 단계전환에 적합하다는 결론을 방위사업청에서 내린 바 있다.

그럼에도 불구하고 탐색개발이 끝난 이후인 2013년에 다시 6번째[2] 타당성분석(KISTEP주관)을 하도록 하였고, 그 이후 다시 2014년도에 7번째 타당성분석을(KIDA) 하고 있다. 10년 이상의 시간을 고통 속에서 보내 온 보라매사업은 이번에도 논란의 중심에 있는 기관에 다시 의뢰된 것을 보면서 무엇이 이토록 많은 시간과 노력을 들이게 하였는가에 회의가 생길 수밖에 없다. 타당성분석의 중심에는 항상 비용분석이 들어 있다. 비용분석의 관점에서 보면 그동안의 행태가 기술력과 경제적 타당성에 대한 서로 다른 건전한 의견의 충돌이라기보다는 기관 간 특정 목적을 가지고 설전을 하고 있는 것에 불과하다는 것이 안타까울 뿐이다. 그렇다면 보라매사업의 문제점은 무엇이며 제대로 가기 위한 해법은 무엇인가? 또한 지금까지 보라매사업 비용분석에서는 무엇을 놓치고 있는가?라는 측면에서 다음 몇 가지 사항을 진솔하게 피력해 보고자 한다.

첫째, 비용분석에 대한 객관적 원칙이 있어야 한다.
비용분석의 정의를 보면 "대안을 비교할 수 있도록 비용을 추정하는 과정[3]이며 전력 확보를 위한 소요충족에 대한 대안, 획득무기에 대한 대안, 연구개발과 해외구매에 대한 획득방법 비교 대안, 각 획득방법에 대한 비용절감방안 등을 제시하여 前 단계의 분석결과나 다음 단계의 의사결정을 위한 분석"이라고 명시하고 있다. 비용분석에 대한 분석기준, 방법, 조사 등의 기본 원칙이 없이 일관성만을 고집하다 보면 그 결과물은 객관성을 확보한

2) KIDA(2003년)-KIDA(2006년)-KDI+KIDA(2007년)-건국대(2009년)-KIDA(2012년)-KISTEP
(2013년).
3) 미국의 국방연구원(IDA: Institute for Defense Analyses) (Cost analysis is the process of estimating the individual and comparative cost of alternative ways of accomplishing an objective).

것이 아니고 자신도 모르게 주관적인 내용의 분석물이 된다.

　대표적인 예로 개발기간을 들어보자. 비용분석을 하면서 위험요소 또는 불확실한 요소가 있다고 하여 개발기간을 변경하여 비용을 증가하는 것은 맞지 않다. 비용분석의 방법상 개발기간은 국방중기계획에 반영된 기간을 확인[4]하여 비용분석을 하도록 되어 있다. 비용분석가가 임의적으로 판단하여 기간을 증가시키거나 감소시킬 수가 없다는 것이다. 여러 가지 정황으로 판단하여 개발기간에 문제가 있다면 비용분석에서 검토하는 항목이 아니라 위험도관리 차원에서 검토하여 사업에 반영하는 것이다. 즉 현실적으로 타당하지 않은 개발기간이 있다면 사업적인 측면에서 중기계획을 검토, 보완하고 변경된 기간은 다시 비용분석에 반영하는 것이다. 비용분석을 하면서 만약 사업성과에 영향을 주는 큰 위험요소가 있다면 비용분석에서는 개발기간 내에 불확실한 요인이 있다고 제시하는 것이지 비용분석가가 임의적으로 기간을 변경해서는 안 된다는 뜻이다. 그럼에도 불구하고 최근 보라매사업의 비용분석에서는 마치 개발기간이 증가되어 비용이 증가 되는 것처럼 명시하다 보니 문제가 제기될 때마다 설명되지 않는 문제가 발생하는 것이다.

　또한 객관적 분석에 있어 중요한 핵심은 일반적인 사항(General Rule)과 가정 사항(Assumptions)의 설정이라고 할 수 있다. 보라매사업의 경우, 서로 다른 두 개(단발엔진 형상 및 쌍발엔진 형상)의 비용을 비교함에 있어 예비엔진 수량, 비행시험 기간, 항전체계 통합시험장비 수량 등의 차이를 검토하지 않고 각각의 비용분석을 제시하였다면 객관적 분석 조사가 수행되었다고 볼 수 없다. 또한 각 업체별 임율 등 제 비율에 대한 차이점도 충분한 검토가 이루어진 후에 반영해야만 객관성을 확보할 수 있음에도 불구하고 제공된 자료를 그대로 적용한다든가 또는 자료자체도 받지 않고 임의적 판단에 의거 서로 다른 기준을 적용하는 것은 추정 및 대안을 비교 평가하

---

4) 비용분석 업무 매뉴얼: 발간등록번호: 11-1690000-001254-01 방위사업청 page 16 공학적 추정기법 및 전산모델 추정기법 공통부문 검토에 개발 / 양산기간을 검토내용으로 명시하였음.

는 기본원칙에 위배된다는 것이다. 비용분석은 결과가 아니라 과정을 검토하는 것임을 놓치고 있는 것이다.

둘째, 비용분석에 대한 상식이 존재해야 한다.

비용분석 기법상 엔지니어링 추정방식(공학적 분석)은 개발 경험이 있는 개발자들이 자신의 경험을 토대로 개발인력, 개발 기간, 개발시험항목, 개발에 필요한 장비 등을 산출하여 비용을 추정하는 것으로 체계개발 등과 같이 개발 제품이 가시화되는 경우에 추정할 수 있는 것으로 모수추정 방식(소프트웨어 방식)보다는 근접하게 비용을 산출할 수 있게 된다. 이 방식은 개발하고자 하는 무기체계의 개념도 및 아키텍처, 개발에 필요한 부품 등과 같이 구체적으로 제품의 모습이 보여야 산출할 수 있는 것으로 특히 원가항목인 재료비, 노무비, 경비 등의 일정 제 비율(노무비율, 간접 경비율, 일반경비율, 이윤)을 이용하여 비용을 추정하는 방식이기 때문에 조직적으로 분석이 가능한 전문가 집단에서 수행이 되어야 한다.

만약 전문가 집단이 아니라면 스프트웨어 방식인 모수추정에 의한 분석을 하거나 정보요청서(RFI, Request for Information)에 의존할 수밖에 없다. 정보요청서란 개발하고자 하는 무기체계에 대한 개략적인 비용정보를 개발회사로부터 받는 것인데 이 또한 제시받은 자료를 어떤 방식으로 재해석해야 하는지 고민해야 한다. 세부내용에 대한 재해석 과정이 없이 비용분석 결과물에 단순 적용하는 것은 원칙과 상식에 위배된다. 비용분석은 결과가 아니고 업무를 수행한 과정 자체를 검토하는 것임은 물론 분석에 있어 RFI 자체는 비용분석 기법이 아니므로 각각의 회사에서 제출한 자료를 검토함에 있어 동일한 항목에 대해서는 상호간의 차이점을 일치시켜 서로 비교하고 각 대안을 평가하는 것이 기본이기 때문이다.

구체적인 예를 들어 보라매사업 비용분석의 경우, 단발형상과 쌍발형상을 비교함에 있어 두 형상에 대한 상식적인 차이점을 검토하지 않고 개발회사에서 제공하는 숫자를 그대로 사용하다 보니 기체구조의 내부 수량이 왜 차이가 나는지, 같은 시스템을 개발하면서 인력차이는 왜 나는지, 해외 원자재 가격이 왜 차이가 나는지, 물가 인상률을 왜 다르게 반영하였는지, 각종 구성품의 구매 수량이 어떤 때는 단발이 많고 어떤 때는 쌍발이 많게 증가와 축소를 반복하였는지 등에 대해 충분한 설명을 못한다. 비용분석가는 먼저 비교하고자 하는 두 형상에 대해 완전히 이해하고 차이점에 대해 상식적인 수준에서 그 이유를 설명할 수 있어야 한다. 만약 그렇지 않다면 특정 형상에 대한 비용을 인위적으로 증가 또는 감소시킬 목적으로 분석을 수행했다고 해석할 수밖에 없다.

또 다른 측면에서 재료비의 구매 시점 역시 상식에 어긋난다. 통상적으로 각 구성품에 대한 구매 시기는 체계개발 상세설계검토회의에서 각각의 구성품이 결정 되고 그 이후 6개월 내에 구매행위에 들어가는 것이 일반적인 사업추진의 형태이다. 항공기가 개발되어 특정시기 00년도에 Rollout 하는 것5)으로 되어 있으면서 그 특정연도인 00년도에 원자재 및 각종 구성품을 구매하는 것으로 가정하였다면 그 분석 결과물을 상식이라고 할 수 있겠는가? 더군다나 엔진, Landing Gear 등 Long Lead Items(구매에 많은 시간이 소요되는 항목)의 경우는 통상 사업수행과 거의 동시에 구매하는 항목(보정을 위해 다른 부품보다 구매행위가 먼저 발생함)임에도 불구하고 항공기가 나오는 시점에 구매하겠다고 분석을 하였다면 일반적인 상식에 얼마나 빗나가 있는지를 잘 알 수 있다. (구매연도의 차이는 물가상승률 및 임금상승률에 직접적인 영향이 있음)

비용분석은 정확하고 분명하여야 한다. 그리고 검증이 가능해야 한다. 동일한 항목에 대해 서로 다른 기준치를 적용하고 사업추진 일정과 주변여건에 맞지 않은 기준치를 적용한다면 올바른 비용분석이라고 할 수 없다.

셋째, 비용분석은 위험요소를 식별할 수 있는 전문가가 수행하여야 한다.

위험도는 특정 무기체계를 개발함에 있어 성능, 기술 및 형상의 불확실성으로 인해 비용에 직·간접적으로 영향을 미치는 요소를 말한다. 위험은 명

---

5) 보라매 체계개발 계획기준(안) FA-50활용 개발방안 2013.7.16. 한국항공.

확하게 식별되고 기술되어야만 관리할 수 있을 뿐만 아니라 비용분석도 가능하게 된다. 따라서 위험요소 식별은 체계적으로 수행되어야 하며 이를 위해서는 전문가 인터뷰, 유사사업 비교, 사업계획 평가 등의 방법을 동원하게 된다.

통상적으로 비용을 추정하는 위험의 종류는 성능 관련 위험, 기술적 위험, 사업적 위험으로 구분된다. 성능 관련 위험은 사업성과에 영향을 주는 가장 큰 위험요소로서 요구 성능(Requirement)의 불확실성은 장비와 전체 전력구조에 대한 비용분석 측면에서 가장 중요한 불확실성 요소가 될 수 있다. 기술적 위험은 기존보다 뛰어난 수준의 성능을 내기 위한 새로운 설계기법을 수행하는 것과 관련된 위험으로, 요구 성능 변화에 따라 얼마나 더 큰 위험이 더해지는가는 요구 성능을 충족시키기 위해 기술의 성숙도가 어느 정도인가에 의해 달라진다. 만일 요구 성능이 기존 기술로도 충족될 수 있다면 위험은 훨씬 적어진다. 이는 그 기술에 대한 기존 경험으로 새로운 시스템의 성능을 예측할 수 있기 때문이며 만일 새로운 기술을 추가로 개발해야만 요구 성능을 충족시킬 수 있다면 위험은 훨씬 커진다. 그 기술의 성공 가능성에 대한 확실한 정보가 없기 때문이다.

한편 사업적 위험은 개발하고자 하는 시스템의 환경변화에 따른 특성변화와 연관된 위험요소로서 체계의 수명주기 안에서 발생되는 모든 경영요소들 즉, 목표성능을 충족할 수 없어 자원(Resources), 인력(Man Power), 기술(Technology, Quality, Performance)적인 측면을 변경해야 하는 경우나 하드웨어 규격변화에 의해 성능 특성 자체가 변하게 되어 발생되는 경우, 무기체계의 배치 및 사업방법에 영향을 미치는 전략적 상황변화가 발생한 경우 등에 따른 위험요소이다. 이러한 위험요소들은 비용분석에 중요한 역할을 하므로 전문지식을 동반한 분석가에 의해서 비용분석을 수행하여야만 된다.

비용분석은 위험도(Riks)를 파악하고 그 위험을 관리, 통제(Management & Control)해야 하기 때문에 수치에 의거 분석하고 분석한 내용을 숫자에 의해 표현하는 것이다. 그러나 보라매사업의 경우처럼 비용분석에 있어 근거도 없는 Factor를 사용하거나 위험요소가 있다고 해서 임의적인 수치를 사용하는 것은 더욱 배제되어야 한다. 위험요소가 있다고 하여 설명되지 않은 임의의 수치를 곱한다든가 또는 임의의 배수를 적용하게 되면 논란만 가중하게 될 뿐 비용분석의 결과물로는 이미 그 가치를 잃고 만다. 단순히 비용을 증액시키거나 감소시킬 목적으로 정체불명의 수치를 사용한 것 외에는 납득이 되지 않는다는 것이다. 또한 사업기간이 늘어날 수도 있다는 위험요소에 대해서는 비용분석에서는 하나의 제안사항이지 임의로 기간을 연장하여 비용을 추정해서는 안 된다. 위에서도 설명이 되었지만 사업기간 등과 같은 General Rule은 비용분석가가 임의적으로 가정하는 것이 아니기 때문이다. 그러나 설령 사업기간이 증가하였다 하더라도 참여인력이 증가된다는 것은 모순이다. 사업기간이 증가되더라도 업무의 양은 동일하기 때문에 실제 인력 증가를 가져오는 것이 아니라는 뜻이다.

우리의 자주 국방을 위한 최소한의 사업인 보라매사업은 공군의 백년대계를 위한 필수적인 사업이다. 독자적인 성능개량과 개조능력을 보유한 전투기에 대한 열망과 운용유지의 획기적인 발전이 모두 충족되기 때문이다. 30년 전 대만은 미국의 중국과의 관계균형을 위한 무기판매 제한에 IDF 경국호를 개발했으며 20년 전에 일본은 F-2를 개발해 최신 5세대 전투기 실증기 개발로 기술적 연결을 하였다. 이번 F-X 사업을 끝으로 앞으로의 대한민국 영공은 우리 기술로 개발된 전투기가 지켜져 된다는 생각이 있다면 지금이 바로 그 시기임을 강조하고 싶다. 이를 실현하기 위해 국방과학연구소에서는 탐색개발을 통해 시제업체와 함께 공학적 비용분석을 수행하였으며 외국 전문기관으로부터 검증을 받았다. 인도네시아 역시 동일한 조건과 가정사항(General rule and Assumptions)을 바탕으로 비용분석을 수행하였다.

보라매사업에 대한 종합적인 비용은 그렇게 도출되었으나 이와는 달리 객관적 원칙을 무시하고 임의적 수치를 사용한 최근의 타 기관 타당성분석 비용자료는 혼란과 불필요한 소모전을 일으키고 있다. 문제점을 제시해도 이해하려는 노력도 없는 것은 엔지니어들을 좌절케 하고 이 땅에서 엔지니어를 감소시키는 이유가 된다. 역대 대형 사업에 반대가 왜 없었겠는가? 사업을 추진하면서 위험을 인지하고 올바로 대처하는 것은 매우 바람직한 것이다. 그러나 반대를 위한 반대의 모습은 더 이상 보이지 말아야 할 것이다. 결국 보라매사업의 미래를 바라볼 수 있는 전문가로 구성된 보라매사업 준비단의 구성이 시급하다. 타당성분석을 계속하더라도 결론이 나지 않을 논쟁에 불과하기 때문이다. 이러한 준비단을 통해 비용분석을 포함한 모든 분석은 시스템적으로 국가적 전문가에 의해 검증되어야 하며 불분명한 요소들은 신속하게 조정 통제되어야 한다. 그 길만이 유사 이래 최대사업이자 국내 항공 산업의 큰 밑거름이 될 보라매사업이 더 이상 잡음 없이 제대로 갈 수 있는 최선임을 강조하고 싶다.

11

한국형 전투기 사업, 이제는 본격 추진돼야 한다

최현수 | 국민일보

I. 들어가는 말

지난 4월 1일 무기수출 3원칙을 개정한 뒤 일본의 방위산업들이 전 세계에서 주목을 받고 있다. 아베 신조(安倍晋三) 총리는 5월 초 프랑수아 올랑드 프랑스 대통령과의 회담에서 수중 경계 감시 무인 잠수기 등 방위장비의 공동개발을 추진키로 했다. 지난 4월에는 토니 애벗 호주 총리와의 회담에서 잠수함 관련 기술에 대한 공동연구에 착수키로 했다. 독일과는 전차 공동개발을 협상 중이다.

개별 기업들의 발걸음도 빠르다. 미쓰비시(三菱)전기는 MBDA와 공대공 미사일의 정확도를 높이는 장치를 공동 개발하기로 했고, IHI는 미국, 유럽 군수품 제조회사와 미사일 장비 개발 협의에 착수했다. 스미토모(住友)정밀 공업과 KYB는 전투기 착륙 시의 충격을 흡수하는 장치 생산을 놓고 미국 록히드마틴과 협의를 시작했다. 미쓰비시 중공업은 세계 최대 미사일 제조

업체 미국 레이시온사와의 라이센스 계약으로 생산해온 미사일용 고성능 센서를 미국에 수출한다.

6월 16일 프랑스 파리 교외에서 열린 무기·방위장비·재해설비 국제 전시회인 '유로 사토리'에 가와사키(川崎)중공업, 히타치(日立), 미쓰비시(三菱)중공업, NEC, 도시바(東芝), 후지쓰(富士通) 등 13개 기업이 참가했다. 일본 기업이 참가한 것은 이번이 처음이다.

언론들은 일본 방위산업의 해외진출 모색을 경제적인 측면과 군사적인 측면에서 해석하고 있다. 경제적으로는 세계적인 기술력을 지녔지만 무기수출 3원칙의 족쇄에 묶여 있던 일본 방위산업이 적극적인 해외시장 개척으로 침체국면에서 벗어나지 못하고 있는 일본 경제에 활기를 넣을 신성장동력으로 전환되고 있다고 해석되고 있다.

군사적으로는 외국과 방산협력을 통해 일본의 독자적인 무기 개발 역량이 높아지는 효과를 누리고 안보협력망을 구축하는데도 유리한 입지를 확보하게 될 것으로 전망된다. 방산협력을 통해 센카쿠(尖閣: 중국명 댜오위다오 釣魚島) 열도 유사시를 대비한 수륙양용기능, 동중국해 경계 및 감시를 위한 레이더, 무인 정찰기 등 일본이 보강해야할 분야에서 역량을 키울 수 있게 될 것이라는 해석이다.

장황하게 일본의 사례를 설명하는 것은 여러 면에서 비교되어온 한국과 일본의 방위산업 육성에 대한 입장차이가 가져온 결과의 차이가 커서이다. 일본이 이런 국제사회에서 이런 성과를 누릴 수 있는 것은 일본만이 지닌 기술력을 그간 꾸준히 축적해왔기 때문이다. 독자적인 기술이 지닌 강점을 유감없이 보여주고 있는 사례라고 할 수 있다. 이런 독자적인 기술축적에는 방위산업의 방향을 국가안보전략과 연계해 일관되게 추진돼온 정책적인 판단이 뒷받침됐다.

하지만 우리나라의 무기획득정책을 보면 이런 일관된 전략을 기반으로 한 정책적 판단은 찾아보기 힘들다. 특히 보라매사업은 이런 국가정책 및 전략 실종을 유감없이 보여주는 대표적인 사례이다.

보라매사업은 필요성이 제기된 것은 2002년이다. 10여 년이 넘었다. 그동안 경제성과 개발능력, 수출 가능성 등을 놓고 무려 6차례에 걸친 검토작업이 있었다. 2003년과 2006년 한국국방연구원(KIDA)은 타당성 미흡이라고 판정내렸고 2008년 한국개발연구원(KDI)도 타당성없다고 결론지었다. 사업취소에 몰렸었지만 2009년 건국대학교 무기연구소가 수행한 4차 조사 결과는 타당성 있다고 나와 다시 추진됐다. 2011년부터 탐색개발이 착수돼 2012년 말 C-103이라는 쌍발엔진 형상이 적절하다는 연구결과가 나왔다.

하지만 보라매가 날아오르기 위해 넘어야 할 시험이 또 있었다. 경제성 여부가 걸림돌이 돼 5번째 타당성 조사가 이뤄졌고 2013년에는 또다시 6번째 조사가 이뤄졌다. 결국 독자개발하는 것이 필요하다는 결론이 났지만 그러자 탐색결과로 나온 형상인 C-103과 이미 개발돼 운용 중인 FA-50을 기반으로 한 C-501 형상을 놓고 격론이 벌어졌다. 결론을 내리지 못하게 되자 또 7번째 타당성 조사에 들어갔다.

이미 알려진 지루한 보라매사업 과정을 적시한 것은 보라매사업에 대한 전략적 고려의 미흡과 정책적 판단의 부재, 관련된 다양한 관련자들의 이해관계로 소중한 시간과 사회적 자원의 소모가 오랜 기간 진행되고 있는 것에 대한 안타까움이 커서이다.

II. 보라매사업의 본질

보라매사업이 왜 시작됐는지를 되새겨볼 필요가 있다. 보라매사업은 공군의 노후화된 F-4,5 전투기를 대체하는 사업으로 이제까지 해외에서 직구매해온 관행에서 벗어나 우리기술로 전투기를 만들어보자고 시작됐다.

정부가 이런 결심을 하게 된 데는 우선 그간 직도입한 전투기를 운영하면서 감수해야 했던 불편함이 적지 않아서다. 이착륙 기어 등 전투기 운영시 자주 교체해주어야 하는 다빈도결함 품목들의 경우 제때 제때 공급받는 것이 쉽지 않았다. 국내에서 정비가 힘들어 수출국으로 이송해 정비될 때까지 기다리는 경우도 비일비재다. 통상 3~6개월이 걸리는 것으로 알려져있다. 전투기 가동률이 낮아지는 결정적인 이유이기도 하다. 또 정비료와 기술료 지불도 큰 부담이다.

또 직구매를 지속할 경우 기술종속에서 벗어날 수 없다는 판단도 있었다. 매번 천문학적인 예산을 투입해 전투기들을 도입해오지만 정작 우리에게 절실한 기술을 적시에 이전받지 못해 항공기술의 상당 부분은 여전히 해외기술에 의존해오고 있다. 항공선진국들은 핵심적인 기술이전은 거의 해주지 않는다. 철저한 기술통제로 핵심기술에 대해서는 접근조차 하지 못한다. 절충교역을 통해 이전받는 기술도 우리가 획득하고자 하는 수준에 못미치는 것이 대부분이다. 도입항공기를 우리군의 작전요구도에 맞춰 성능을 개량하거나 국산장비를 통합해 사용하려 할 경우에도 제한사항이 적지 않다.

반면 우리 기술로 전투기 제작이 가능할 경우 이점이 많다. 우선 효율적인 정비관리가 가능하고 성능개량과 국산장비와의 통합도 우리 뜻대로 할 수 있다. 수리부속 조달기간 역시 대폭 단축되고 관리와 유지도 수월해질 수 있다. 정비비와 운영유지비도 절감된다. 또 항공기를 긴급하게 정비해야 할 경우 제작업체로부터 즉각적인 현장지원도 가능하다.

보라매사업은 산업적인 측면에서도 의미가 있다. 보라매사업은 군수와 민간기술이 접목되는 항공 산업으로 상호파급효과가 적지 않다. 항공산업은 정밀기계, 전자, 통신, 컴퓨터, 신소재 등 최첨단 기술을 바탕으로 한 종합산업으로 첨단 융합기술력을 이끌고 고급 일자리 창출에도 적잖은 기여를 하고 있다. 보라매사업은 우리나라 항공우주산업과 방위산업, 민간산업분야에 약 40조 7,000억 원의 파급효과가 있는 것으로 알려졌다.

문제는 우리가 독자적으로 전투기를 제작할 수 있는 기술적인 여건과 경제적인 여건이 구비됐냐는 점이다. 지난 10여 년간 논쟁이 되어온 것도 바로 이 부분이다. 기술적인 면에서는 핵심기술은 여전히 선진국의 지원을 받아야 하지만 1980년 처음으로 국내에서 제공호를 조립생산한 이래 고등훈련기 KT-1, 기술도입으로 생산한 KF-16, T-50, FA-50 제작 등으로 어느 정도의 기술적인 축적은 됐다는 평가를 받고 있다.

물론 이들 훈련기와 전투기에 활용된 기술도 핵심적인 부분은 여전히 다른 나라에 의존하고 있는 실정이기는 하다. 항전시스템은 손도 못대고 있는 상황이다. 하지만 어느 정도의 기술적인 토대는 마련됐다고 볼 수 있다. 이같은 기술이 보다 확고한 신뢰도를 확보하고 보다 한단계 개선된 첨단 기술로 도약하기 위해서라도 보라매사업이 필요하다.

투입비용과 수출가능성 등 경제적인 면은 그간 가장 뜨거운 논란이 되어온 사안이다. 적게는 6조 원 많게는 10조 원 이상이 될 것으로 추정되는 예산을 투입해 놓고 막상 국내 수요만 충족시키고 해외시장 개척에 실패할 경우 막대한 부담이 될 수 있다는 지적이다. 따라서 경제성을 충분히 따져봐야 한다는 주장도 힘을 얻고 있는 것은 사실이다.

하지만 방위 산업은 경제성만을 따질 수는 없는 분야이다. 방위산업의 일차적인 목적은 국가방위를 위해 필요한 기술과 제품을 제공하는 것이다. 이스라엘처럼 사업 초기부터 수출을 염두해두고 무기체계를 개발하는 것인 바람직하지만 이스라엘에서도 처음부터 수출주도형 방위산업이 자리잡은 것은 아니다. 수차례의 시행착오를 거치며 상당한 기회비용을 지불했다.

대표적인 것인 전투기 라비 프로젝트이다. 결국 실패한 프로젝트이지만 이 작업을 수행하면서 얻은 기술들은 향후 이스라엘의 항공산업에 지대한 기여를 했다. 독자적인 기술을 통해 단기적으로 크게 부담이 되지만 장기적으로 자주적 방위역량을 구축했고 이를 토대로 수출시장 진출이 가능했다.

III. 나가는 말

지난 10여 년간의 연구와 논쟁을 통해 보라매사업의 필요성은 대부분 인정하고 있다. 독자적인 개발 필요성에 대한 사회적인 합의는 마련된 셈이다. 다만 어떻게 추진할 것인가 문제라면 이제는 더 이상의 불필요한 논쟁으로 시간을 보내서는 안 된다. 추진 방안을 놓고 열띤 공방을 벌일 필요는 있다. 그 과정을 통해서 어떤 방식을 채택하든 보완해야 하는 사안들을 철저히 점검할 수 있기 때문이다.

독자적인 전투기를 생산해야 하는 업체로서는 경제성과 생산시 실패가능성을 최소화하기 위한 이미 생산해본 경험이 있는 기술을 기반으로 한 안전한 방안을 선호하는 것은 당연하다. 실제 전투기를 사용하는 군으로는 가능하면 최상의 능력을 갖추고 또 앞으로 발전 가능성을 갖춰 한반도 주변의 급변하는 안보사태에 보다 확실하게 대응할 수 있는 기반을 갖추고 싶어하는 것 역시 타당하다.

문제는 이 두 입장을 충분히 조정해야 하는 기관이 어디인지가 분명치 않은데다 관련 기관 간 폭탄돌리기하듯 책임전가를 하고 있는 양상을 보이며 시간만 끌고 있다는 점이다. 첫술에 배부를 수는 없다. 방위산업의 선진국들이 현재의 기술력을 확보하고 국제방산시장에서 일정한 점유율을 유지하고 국가안보측면에서도 필수불가결한 무기체계를 구축하는데 매 사업마다 성공했다고 볼 수는 없다. 대가가 지불되지 않은 경우는 거의 없다.

이제는 이 사업을 어떻게 성공시킬 것인가를 놓고 고민해야 한다. 총사업비용이 정확이 얼마가 들 것인지는 누구도 장담할 수는 없고 수출전망 역시 마찬가지다. 현재 추정되고 있는 전망치가 10~20여 년 뒤에도 적중한다는 보장은 없다. 무책임하게 주먹구구식으로 추진하자는 것은 아니다. 이미 수차례의 용역을 통해 추가적인 예상비용 필요 가능성과 수출시장에서의 어려움은 점검됐다. 이를 걸림돌로 보기보다는 보라매사업이 성공하기 위해 딛고 나가야할 디딤돌로 여기고 보다 적극적으로 나갈 필요가 있다.

제 **4** 부

종합토론

【사회】 최종건

【토론】 김종대 · 김태형 · 이희우

　　　　　신경수 · 조진수 · 최현수

12

종합토론

■ **사회자:** 저희 오늘 6분 선생님을 모셨고요, 그리고 오늘 마지막 주제는 항공권전투기개발과 항공 우주력의 도약입니다. 기억하실지 모르겠습니다만 저희가 작년에 헌정기념관에서 KF-X 관련한 토론을 벌였습니다. 그때 저희 주제는 KF-X 무조건 해야 된다라고 하는 힘을 싣기 위한 토론이었습니다. 그 토론의 녹취록이 저희 자료집 145페이지에 나와 있습니다. 그래서 그것을 참고하시고요. 이번 프로그램집에 녹취록을 올려놓은 이유는 저희가 연속적으로 진행하고 있음을 밝히고자 할 뿐 아니라 이것이 저희 항공우주학술회의에서 지금 중점을 두고 있는 주제입니다. 통상적으로 학술회의라고 하면 주제발표하시고 그다음에 지정토론하시는데요. 저희는 이 마지막 섹션에 시기적절성, 그리고 여러 회의체에서 많이 다루었기 때문에 차별성을 부각시키기 위함입니다. 그래서 지금 각 패널리스트 선생님들께서는 원고를 이미 제출하셨습니다. 저는 그것을 다 읽었고요. 그리고 각 선생님들의 주장하시는 바는 다 숙지하고 있습니다. 그리고 워낙 다 유명하신 분들

이기 때문에 이분들의 기조는 저희가 다 알고 있습니다. 그래서 여기 선생님들께 몇 가지 패널구성의 규칙에 대해 말씀드리겠습니다.

첫 번째 모두발언 기회는 드립니다. 그 모두발언은 2분만 드립니다. 그리고 저희 진행요원이 저기 서 있는 잘생긴 제 조교인데, 30초 남았다고 판대기를 들 겁니다. 30초가 넘어가면 종료하라고 판대기를 들 겁니다. 종료, 끝내라는 뜻입니다. '종료해주십시오' 아니고 '종료'라고 썼습니다. 그리고 나서 이제 제가 구성한 제 나름대로의 질문이 있는데요. 그걸 가지고 서로 말씀을 하시면 되고요. 그때는 2분 30초 드립니다. 저희가 6시 50분까지는 끝내려고 합니다. 예정된 시각은 6시 40분까지였지만, 이게 개막식 때부터 지체가 되었습니다. 그래서 10분 정도 연장됨을 이해해주십시오. 그렇기 때문에 이 세션은 빡빡하지만 빨리 빨리 진행하려고 합니다.

그래서 시작하도록 하겠습니다. 아시다시피 저는 최종건 교수라고 하고요, 저희 오늘 참여하신 선생님들을, 다 아시겠지만 신속히 소개 올리도록 하겠습니다. 저 오른쪽 끝에 계신 디펜스21 플러스 편집장 김종대 편집장이십니다. 매우 놀랍게도 연세대학교 경제학과를 나오셨습니다. 그 말씀은 디펜스 전문가이기도 하지만 경제학과 출신이시구요, 아마 오늘 이분은 처음 보시는 분들도 계실 텐데요, 숭실대학교 정치외교학과 교수이신 김태형 교수님 모셨습니다. 주로 소위 미사일 항공력 관련된 논문들을 해외에서 쭉 발표하셨는데, 저희가 몰랐었습니다. 그래서 오늘 처음으로 모셨습니다. 그리고 그 옆에 계신 충남대학교 종합 군수체계 연구소장 이희우 장군님을 소개 올리도록 하겠습니다. 워낙 잘 알려지신 분이기도 하구요. 예전에 전발단 단장까지 하셨습니다. 그리고 최현수 부장님을 소개 올리도록 하겠습니다. 이분 역시 너무 당연히도 연세대학교 정치외교학과 출신이십니다. 그리고 그 옆에 계신 분이신데요 신경수 국방감연구소 수석연구원 모셨습니다. 그리고 마지막으로 조진수 교수님 모셨습니다. 세 살 때부터 비행기를 가지고 노신, 그랬다고 늘 주장하신 선생님이셔요. 항상 우리 항공업계 그다음에 공군 이쪽에 큰 서포터이시기도 합니다.

그러면 관객 여러분 아시겠지만 제가 한 번도 이분들에게 어떤 질문을 할 것이다라는 것을 공개하지 않았습니다. 그리고 두 번째는 서로 어떠한 질문도 가능하시기도 합니다. 그러나 이제 순서도 정하지 않았기 때문에 제가 랜덤으로 무작위로 모두발언 기회를 드리도록 하겠습니다. 그래서 패널리스트 선생님들께서는 어떠한 이야기를 하고 싶은지 그리고 소개만 하셔도 되겠습니다, 2분 정도 시간을 드릴 텐데요. 우리 최현수 부장님 먼저 부탁드리겠습니다.

● **최현수 부장:** 만나 뵙게 돼서 반갑고요. 이번 기회를 통해서 또 많이 공부하는 것 같습니다. 기자들한테는 이런 세미나 기회가 굉장히 귀중한 기회가 되는데요. 저희가 일반적인 여러 가지 주제를 다루다보니까 하나에 대해서 집중적으로 공부할 시간을 갖기가 힘든데 이런 세미나를 통해서 준비하게 되면 조금 더 집중적으로 공부할 수 있어서 그게 좋은 기회 같습니다. 저는 이번 기회에 말씀드리고 싶은 것은 지난번 세션에서 말씀드린 것과 똑같이 이제까지는 우리가 보라매사업을 갈 것인가 말 것인가를 두고 굉장히 많은 토론과 논의를 했고 무려 7차례에 걸친 타당성이 있나 없나 또 경제성 보문까지 충분히 조사를 해왔다고 보기 때문에 지금 더 다른 어떤 논의가 없이 이제는 시작을 하자는 입장을 주장하고 싶습니다. 왜냐하면 우리나라의 고질적인 질병이랄까 하는 것이 뭐냐면 어떤 결정을 내리고 나서 그 결정에 대해서 수긍을 하지 않고 일단 결정을 내린 다음에 또다시 뭔가 다시 토의를 하고 그거에 대해서 반대가 이어지는 이런 경우가 굉장히 많았는데 왜 이렇게 됐냐면 하나의 결정을 내리기 전까지 충분한 토의와 논의 그러니까 컨센서스를 이뤄내지 못한 큰 단점이라고 보고요. 그로 인한 사회적 비용이 너무 컸기 때문에 반면 보라매사업 같은 경우 무려 예외적으로 10년간에 걸쳐서 그 논의될 수 있는 모든 부분이 논의됐다는 거죠. 그래서 어떤 형태로 가든 간에 어떤 위험성이

있다는 것까지 이미 다 우리가 숙지를 하고 있기 때문에 이제는 이렇게 충분히 검토가 된 사업이라면 더 이상 논의하지 않고 갈 수 있는 그런 여건이 됐다, 그래서 이제는 일단은 내딛어 보고 그다음에 결정을 내리자 그런 생각이 듭니다. 그래서 제 주제는 돌다리는 충분히 두드렸고 돌다리 안에 어떠한 위험이 있는 건지 충분히 알고 있기 때문에 이제는 그 돌다리를 딛고 나갈 시기라고 주장을 좀 하고 싶습니다.

■ **사회자:** 그다음에 김종대 편집장님이요.

• **김종대 편집장:** 아 네, 작년에 똑같은 주제로 똑같은 세미나에, 똑같은 세션에 나왔습니다. 작년에 제가 했던 말 중에 밥을 좀 하려고 그러니 이놈이 와서 솥뚜껑 열어보고 저놈이 와서 솥뚜껑 열어보고 제대로 되지가 않는다. 그랬는데 그 1년 사이에 또 솥뚜껑을 이 사람이 열어보고 그것 또 참 희한한 게 연구용역 다 해서 더 할 거 없다 그러는데 또 맡아달라고 아니 하기 싫다고 그러는데 그 연구기간에 연구용역을 또 맡기는 이런 해괴한 것은 월드컵에서 깨물어서 퇴장당하는 거는 얘기 들어봤어도 아주 이 연구계에도 해괴망측한 사건이 일어나고 있다는 생각이 듭니다. 지금 이런 일련의 사태는 마치 사업을 조금 지연하기 위한 명분쌓기가 아니냐는 의구심이 제기가 되면서 다시 근본적인 질문이 제기됩니다. 도대체 이 사업은 누가 결정하는 것이냐. 그동안 방사청에서 모든 어떤 절차를 거쳐서 하면은 국방부가 TF를 또 만들어서 처음부터 다시 검토를 하고 그런가 하면서 청와대는 이 의견도 듣겠다, 저 의견을 듣겠다 하면서 의견을 모으는 것이 아니라 오히려 의견을 더 벌리고 싸움을 붙이는 거를 하고 있거든요. 저는 국가에 묻고 싶습니다. 정말 이 사업에 대한 의지가 있는가. 그다음에 기꺼이 위험을 감수하면서 우리가 어떤 미래 항공력에 도전과 혁신을 성취하려는 국가의 역량 국가의 격 그다음에 우리의 단합된 의지가 있는가 이 점에서 정말 마지막에 결의를 다지고 이제까지의 정책의

난맥상을 일소해서 제대로 갈 수 있는 시기가 왔다고 봅니다. 그것이 아니라면 다른 결정이라면 그에 상응하는 준비가 있어야 됩니다. 그런 점에서 지금 사태는 다소 좀 우려스럽다. 특히 국가의 의지에 대해서 묻고 싶다. 그렇게 생각합니다.

■ **사회자:** 네. 김태형 교수님 부탁드리겠습니다.

● **김태형 교수:** 안녕하세요. 숭실대학교 김태형입니다. 작년에는 제가 이 회의에 오디언스로 앉아 있었습니다. 이 KF-X 사업에 대한 토론회를 듣고 있었는데 들으면서 내가 저 자리에 있으면 굉장히 불편할 것 같다는 생각을 했는데 제가 올해 이 자리에 앉아 있을 거라곤 상상도 못했습니다. 이 자리에 앉아서 토론회 참가를 하면서 제가 공군의 발전에 조금이라고 도움이 될 수 있다면 정말 영광이라고 생각을 하구요. 이 자리에 초대해주신 분들께 정말 감사를 드립니다. 작년과 비교를 해서 올해 KF-X 사업이 작년에도 그렇게 결의를 했지만 그 시행은 크게 되지 않은 상황에서 그 필요성은 더욱더 급해졌다고 생각을 하는데요. 왜냐하면 작년과 비교해서 전략적 환경은 더 악화되었고 저희의 결핍은 더욱더 심화되었기 때문입니다. 지금 중국은 AAAD 하고 있습니다. 그리고 일본은 보통국가 하고 있습니다. 그 말은 동북아 주변 안보 상황이 더욱 악화되어 가고 있다는 생각이 들고요. 그래서 동북아 안보 딜레마는 더욱 심화될 것이고, 군비경쟁도 더욱 악화될 것입니다. 미국의 현재 상황으로 본다면 지금 여러 가지 예산의 압박이라든지 모든 상황들을 고려한다면 미국이 아무리 아시아 중심으로 한다고 할지라도 아시아에 대한 커뮤니티 그게 과연 얼마나 오래 갈 수 있을지 얼마나 큰 영향력을 갖고 수행될 수 있을지에 대한 의구심이 듭니다. 그래서 KF-X 사업은 반드시 시행해야 되고 빠르면 빠를수록 그리고 공군이 요구하시는 상황에 맞춰서 하루라도 빨리 시작하는 것이 맞다고 봅니다.

■ **사회자:** 신경수 박사님 부탁드리겠습니다.

● **신경수 박사:** 신경수입니다. 저는 보라매 탐색개발에 실질적으로 참여했던 엔지니어입니다. 엔지니어가 이런 패널 자리에 앉아서 말을 하려고 하니까 어떤 말을 해주는 것이 좋을까라는 생각이 가장 먼저 드는데요. 저는 가능하면 제가 했던 거를 구체적으로 그렇지만 디테일하게 이야기하고 싶습니다. 보라매사업은 제대로 가야 되는데 그 중심에 있는 것이 비용분석입니다. 우연찮게 비용분석은 지난 20년 동안 해왔고 보라매사업에서는 비용분석을 했던 주 담당자입니다. 그래서 제가 이 글을 쓰면서 과연 무엇이 비용분석이 오늘날 같이 이렇게 문제가 될 수 있었는가에 대해서 세 가지로 요약을 해놨습니다. 첫 번째는 원칙이 없다는 겁니다. 규정대로 하면 이런 논란이 발생되지 않는데 그런 논란의 중심에 서게 됐던 이유는 규정대로 하지 않았다는 것이 가장 큰 문제구요. 그다음에 양심적이지가 않다는 거예요. 비용은 하는데 상식이 있는 겁니다. 비용이 고도의 전문적인 것도 포함되지만 상식도 포함한다는 겁니다. 마지막 세 번째는 전문가에 의해서 비용분석이 이뤄지는 거지 어떠한 사람의 숫자놀음에 의해서 비용을 하지 않는다는 것입니다. 이 세 가지가 오늘의 이러한 혼란을 초래하지 않았나 하는 생각이 듭니다. 감사합니다.

■ **사회자:** 네, 이희우 소령님 부탁드리겠습니다.

● **이희우 장군:** 제가 드리고자 하는 말씀은, 제 논문집에 포함이 되어 있으니 참고를 하시고요. 전 두 가지를 말씀드리려고 하는데 첫째는, 심각성, 지금 10년 이상이 지연됐잖아요. 그 심각성을 일반국민들이 잘 이해하기는 어려운데, 이것이 여러 가지 합리적인 타당한 이유로 연기됐다고 하지만 그렇다고 우리의 전투기들이 노후화 안 되는 거 아니거든요. 10년 동안 이미 노후화됐습니다. FX, KF-X에서 정상적으

로 가더라도 앞으로 2020년대에 300대 이하로 떨어질 가능성은 우려
가 아니라 현실로 다가왔어요. 그때 되면 우리 공군이 과연 그 정도
대수의 전투기를 가지고 기량을 제대로 유지할 수 있을는지 그것보다
더 큰 국가의 안보에 사실 커다란 구멍이 뚫린 것이 현실로 다가왔습
니다. 그래서 이 심각성을 우리가 결코 피해갈 수 없는 부분이구요.
그렇다면 중요한 것은 이 시점에서 책임을 따져보자 이거죠. 누가 이
런 사태까지 만들었느냐라는 관점에서 보면요. 공군은 정말 2002년부
터 줄기차게 소유제기를 했고 많은 노력을 했는데 정말 억울한 부분
이 있거든요. 주관 부서이긴 하지만. 제가 방위사업법 11조 2항에 보
면 각 군이 요구하는 최적의 성능을 가진 무기를 적기에 획득함으로
써 전투력 발휘에 극대화를 추진하는 부서가 방위사업청으로 명기가
되어 있거든요. 방위사업청을 만든 가장 큰 중요한 이유죠. 결국 방위
사업청이 그동안 과연 얼마나 책임감 있게 이 사업을 추진했느냐. 관
련 부서에 토론만 시키고 결심을 하지 않았는지, 정말 책임을 갖고
알을 만들어서 어려운 길이지만 뚫고나가는 태도를 보였는지, 그런
것을 묻고 싶습니다. 이상입니다.

■ **사회자:** 마지막으로 조진수 교수님 부탁드리겠습니다.

● **조진수 교수:** 네, 안녕하십니까, 조진수입니다. 사회자님께서 저보고 세
살부터 비행기 가지고 놀았다는데 사실입니다. 제 본적지가 서울특별
시 영등포구 대방동 159-428호입니다. 딱 옛날에 공군본부와 공군사
관하고 중간이구요. 제 주변은 전부 공군 장교만 있었습니다. 예를
들어 행안부 장관 강병규 장관님의 아버지도 강 대령님이셨고, 제 바
로 밑에 사셨습니다. 또 옛날에 유명했던 왕현식 대령님도 저희 집
밑에 살았고, 윤영길 대령님도 저희 집 위에 살았고 그러다보니 자연
스럽게 비행기랑 놀게 되고 그때부터 군대를 공군 간다. 전공은 비행
기 한다. 그리고 살았습니다. 제가 대학 다니면서 가장 보고 싶은 게

우리 손으로 정말 제대로 된 전투기를 만드는 일이었습니다. 그래서 이제 거의 무르익어 가는 것 같은데요. 또 한 가지 작년에도 제가 말 씀드렸습니다만 제가 가장 존경하는 선배님이면서 대한민국 최고의 에어로 엔지니어가 앞에 앉아계신 장성석 KAI의 부사장님이십니다. 그래서 여기 계신 분들 중에 가장 경험도 많고 그렇기 때문에 앞으로 체계 개발 갈 때에는 장성석 부사장님의 식견을 우리가 많이 참조해 주시고 공군하고 KAI죠. 우리나라에는 KAI밖에 없으니까. 그런 말 있지 않습니까. 미우나 고우나 KAI다. 잘 좋은 비행기를 만들 수 있 도록 합심을 해서 제가 아마 로라 생산 때 남아 있을 사람은 저밖에 없을 것 같습니다. 제가 직업이 교수니까요. 다른 분들은 전부 이탈하 셨을 거구요. 아무튼 좋은 KF-X 나오면 좋겠습니다. 이상입니다.

■ **사회자:** KF-X 관련해서 모두발언을 부탁드렸더니 최현수 부장께서는 돌다리론, 김종대 편집장은 밥솥론, 김태형 교수는 대외안보악화론, 신경수 선생님께서는 엔지니어양심론, 이희우 장군께서는 전력공백 혹은 전력약화 현실 대비론, 조진수 교수님은 모르겠는데요, 태생론 이신가요?

● **조진수 교수:** 작년에 제가 말미에 했던 말 중에 하나가 2014년이 되면 KF-X의 체계개발이 끝났을 테니 저 같은 사람은 이제 안 나왔으면 좋겠다. 왜냐하면 정책과 정치 영역을 벗어나서 엔지니어 영역으로 들어가야 되기 때문에 저 같은 사람이 없어야 되고 이 섹션에서는 어 떻게 하면 더 좋은 비행기를 만들 수 있을까라는 심도 있는 방법론을 하자는 마지막 발언을 했던 것 같습니다. 우리가 다 인정하는 것이 이것이 7차례까지 소위 혹자는 6.5차라고 하네요. 우리가 예상치도 못했던 카이다에 다시 한 번 뛰었거든요, 우리 다같이 당위론에는 공 감을 합니다. 근데 왜 이것이 이렇게 STOP and Go 그리고 옆으로 빠지기까지 했는지 도대체 무엇이 문제인지, 제 생각엔 김종대 편집

장의 글을 보면 어느 정도 나와 있는데 이렇게 흐지부지하다가 다시 부활하고 부활하는 것 같다가 또 우리끼리 싸우기도 하고 왜 이런 것 같습니까.

• **김종대 편집장:** 역시 업체와 연구기관 또 소요군, 그다음에 정책을 결정 하는 국방부, 방위사업청 그다음에 이 정책을 조정해야 되는 청와대 까지 연결이 돼서 굉장히 난맥상을 보였다고 생각이 듭니다. 우리 관료정치를 굉장히 연구해볼만한 난맥상이라고 저는 생각을 하는데 업체입장에서는 일단 개발비를 대면서 업체주도의 유리한 사업 환경, 공군은 두말할 필요 없이 전투기 성능이죠. 그런가하면 연구기관으로 서 과학연구소도 있습니다. 그리고 방위사업청에서 이 문제를 관리합 니다만 국방부가 TF를 만들어서 가져가는데 그 TF는 법에도 없는 기 관인 임의조직이란 말이죠. 이런 시스템이 붕괴된 겁니다. 사실 이 사업뿐이 아닙니다. FX 사업도 마찬가지죠. 공중급유기사업도 마찬 가지죠. 해상작전헬기사업도 마찬가지죠. 이건 모두 국방부 TF에서 하면서 방위사업청은 사실상 무력화된, 거의 식물기관인 것처럼 흘러 가고 있는 거거든요. 이런 것들은 이 사업에 대해서 각 기관 업체정보 와 좀 이 사업을 아전인수식으로 해석하면서 내부에 자중질환에 빠졌 던 게 우리가 이 사업 동력을 잠식하는 하나의 부정적인 요인을 형성 한 게 아닌가 하는 반성을 사실 해야 된다고 생각합니다. 더군다나 그 사이에 정권이 바뀌면서 인제 정책 환경이 바뀌고요, 이렇게 내부 에서 통합되지 못하는 가운데 외부환경은 계속 악화되고 있습니다. 우리가 절충 교약에 대한 기술이전 협상도 만족할만하지 못한 상황이 고 인도네시아 참여로 인해서 국제협력의 모양을 제대로 창출하기에 도 굉장히 지금 악화된 상황이죠. 그러다보니까 내부의 추진동력과 외부의 환경이 다 같이 악화될 때 국가의 강력한 의지가 나오지 않았 다. 이것을 좀 제대로 돌파하고 극복할 수 있는 정치적 리더십에서의 문제가 제일 커 보인다고 저는 생각합니다.

■ **사회자:** 국가의 의지가 왜 안 나왔는지는 제가 사실 잘 모르겠는데요. 이희우 장군님, 왜 국가의 의지가 왜 투영이 안 됐습니까. 우리가 뭘 잘못한 거죠?

● **이희우 장군:** 국가의 의지의 문제인 건 저도 공감을 합니다.

■ **사회자:** 여기서 국가는 누구죠?

● **이희우 장군:** 결국 국가 지도자의 국정, 경영능력에 관련된 거라고 봅니다. 그러니까 공군력의 중요성, 중요성이 아니더라도 기본적으로 유지하고자 하는 장기적인 안목을 가져야 하는 거구요. 두 번째는 국가 항공산업, 국가산업발전에 대한 안목을 갖고 이걸 정말 결정해줘야 되는데, 해마다 모면만 하려는 그 정부 밑에 있는 기재부 입장에서는 방사청과 교묘한 무책임의 소산이예요. 올해만 타당성 검토를 해서 연기하는 명분을 얻고 그렇게 해서 한 해, 한 해 하다가 10년이 지났거든요. 자, 그로 인해 생기는 결과에 대한 문제에 대한 책임은 누가 지냐 이거죠. 그런 관점에서 결국 최고지도자에 문제 있는 건 맞다고 생각합니다.

■ **사회자:** 최 부장님, 동의하십니까?

● **최현수 부장:** 물론 일부 그런 문제는 충분히 있을 수 있고요. 왜냐하면 지도자가 앞으로 우리 주변상황을 보시면서 어떻게 국가를 끌어가겠느냐 그리고 군사력을 어떻게 배분하겠느냐 이 부분에서 충분히 고민할 수 있으면 좋겠지만 사실 국가 지도자가 신경 써야 될 게 굉장히 많고 어떻게 보면 그렇기 때문에 이 부분에만 신경을 쓸 수 없는 부분이 있는데 해군하고 공군을 비교하면 해군의 경우 이지스함이든 여러 가지 사업들을 굉장히 순조롭게 물론 어려움이 있지만 순조롭게 가는

이유는 국민들이 실질적으로 이게 굉장히 필요하다라는 것을 피부로 느끼고 있다는 거죠. 그래서 어느 정도 국민들 안에 컨센서스가 있고 가야 된다라는 부분이 있는데 애석하게도 이 전투기 부분에 대해서는 국민들이 그만큼 절감을 못하시는 것 같아요. 아까 전력공백 말씀을 하셨지만 이것은 이 커뮤니티 안에서는 충분히 절실하게 와 닿았고 정말 어떻게서든지 해결해야 되는 부분이라고 보고 있는데 국민들에게는 그 부분이 굉장히 약하다는 점입니다. 그래서 앞으로 이제 이번에 꼭 가도록 해야 되겠지만 공군의 경우에는 그런 부분에 어떤 전략적인 접근이 필요합니다. 공군력이 왜 필요한지에 부분에 조금 더 어필할 필요가 있다는 것과 또 방위산업 부분에 대해서도 독자적인 우리 기술을 가져야 된다는 필요성에 대해서 굉장히 어필을 못하고 있다는 거죠. 그래서 위험성, 경제적으로 돈이 많이 들어간다, 그리고 못 팔린 거다, 이런 부정적인 측면에 대한 얘기들이 많이 나오다 보니까 이것을 우리가 과연 무엇을 얻을 수 있을 것인가 이거에 대한 설득력이 굉장히 약해졌기 때문에 또 약하기 때문에 그런 거고, 그럼 왜 그랬을까?라고 생각을 하니까 공군이 나름대로 트라우마가 있는 거죠. F16과 F18 사이 F15K 또는 F35가 들어올 때마다 겪어야 했던 진통들이 있었기 때문에 내가 필요한 것을 적극적으로 얘기를 못한 이런 부분이 좀 있는 거 같습니다. 공군이 조금 더 절실하게 그리고 어떻게 무기 획득과정에서의 결정을 해내는 decision making process에 공군의 목소리를 투영시킬 수 있을 것인가 이 부분에 대해서 고민을 조금 더 많이 했어야 되고 앞으로도 해야 될 것 같다는 생각이 듭니다.

■ **사회자:** 저희는 연세대학교 학술행사 일원이기 때문에요. 여기 공군 선생님들 많이 계시지만 공군에 대한 비판적 의견이 나온다 하더라도 너무 불편해 하지 마시구요. 또 중간에, 초기에 말씀 안 드렸는데 회의 중간쯤에 반론 내지 질문할 수 있는 시간을 청중분들에게 드리도록 하겠습니다. 그때 발언기회를 드리겠습니다. 근데 저는 이해가 안

됩니다. 이 사업이 국책사업 아니겠습니까. 어떤 국책사업이 10년 동안 타당성 검토를 했었고, 그다음에 그것이 부침이 상당히 심했습니다. 즉 뭐냐 하면 사업 프로젝트로서 이 사업이 정책결정자들에게는 신뢰성이 떨어진 건 아니었던가라는 정책결정자 관점에서 생각해볼 필요가 있다고 생각합니다. 우리는 정책결정자에 대해 지도자 리더십이 부족했다, 공군의 역할이 부족했다라고 이야기하지만 이 사업 자체에 신뢰성이 떨어졌던 것은 아닌가, 그것은 어떻게 보면 우리 항공 업계가 초래한 것은 아닌가라는 비판의 목소리도 필요합니다. 그러한 측면에서 보면 신경수 박사의 그런 엔지니어 양심론 이런 것을 펴십니다. 제 발언에 대해서 어떻게 생각하시는지요?

• **신경수 박사:** 본 사업은 벌써 10년을 시행착오를 겪어 왔는데, 그중에 타당성 조사를 아까 6.5다 7이다 이러고 있는데요. 그 역대사업 중에 동일 인물이 동일하게 분석을 하고 그 비용분석을 한 것이 서로 나올 때마다 비용도 다르게 나온다는 겁니다. 그러면 상대방 입장에서 볼 때는 그 비용이라는 것을 과연 신뢰할 수 있겠느냐는 것이 큰 의문입니다. 그래서 저희 엔지니어들이 이야기하는 표현이 뭐가 있냐면 '카더라' 분석 방법입니다. 즉 무슨 소리냐면 어떠한 선진항공사가 몇 조가 들더라 그다음에 정보 요청서라고 하죠. 아래 파일이라는 것을 내서 그 선진업체에 제공을 해서 비용을 받는데, 그 비용을 받았더니 9.4조가 어떤 쪽은 16조라는 거죠. 그러면 과연 9.4조가 맞는 건지 16조가 맞는 건지조차도 설명하지 않고 단순히 자기가 생각할 때에는 중간에 이상한 표현을 씁니다. 7.4조 + a(알파)다. 그럼 비용분석에서 a(알파)라는 것이 무엇이라는 거죠. 이와 같이 비용에 대한 숫자를 갖고 놀음을 하다 보니까 물론 어떤 기술적 위험이 있다든지 정책적으로 해야 된다든지 정치적으로 이슈를 논하는 것이 아니고 궁극적으로 가서는 그 비용이 많이 들더라. 이런 식으로 전향이(?) 되다 보니까 궁극적으로는 이 모든 사업을 혼란스럽게 만드는 것이 아닌가 라

는 생각을 하게 됩니다.

■ **사회자:** 이희우 장군님 같은 엔지니어로서 어떻게 생각하십니까? 신경
수 박사의 주장 중 이 논문이 하나 나와 있는데요. 객관적 원칙을 무
시하고 임의적 수치를 사용한 타기관의 타당성 분석이 이 판을 계속
연기시킨 것 아니냐라고 해서 직설적 발언을 하셨거든요. 어떻게 생
각하십니까?

● **이희우 장군:** 전 좀 이견이 있어요. 왜냐하면 뭐 6번 타당성 검토를 했잖
아요. 결과가 어땠습니까. 다 달랐죠. 다를 수밖에 없어요. 왜냐하면
분석하는 사람의 지식과 경험과 능력에 따라서 다르게 나오는 건 어
쩔 수 없는 거예요. 그게 통일돼서 나올 때까지 분석한다면 영원히
안 나오는 거고요. 이제 포인트는 뭐냐면 그런 분석하는 이유는 좀
더 합리적인 판단을 하기 위해서 실시하는 겁니다. 한두 번 해볼 수는
있어요. 그런 다음에 그걸 가지고 그다음에 하려는 의사결정입니다.
그러니까 이것을 주관하는 방위사업청이 예전에 한 개든 두 개든 안
을 만들어서 그다음 단계로 나가야 되는데 그다음 단계로 나가지 않
는 그런 부분, 그런 부분에 대해서 저는 지적하고 싶은 거죠.

■ **사회자:** 예, 조진수 교수님 어떻게 생각하십니까. 작년까지 항공우주학
회 회장까지 하셨는데요. 지금 이렇게 해서, 다 아시잖아요. 특정 연
구기관과 그렇지 않은 연구기관들 간의 어떻게 보면 경쟁같은 거, 그
다음에 왜 엔지니어 선생님들께서는 서로 다른 수치를 뽑아냈는데 서
로 방법론에 관해서는 디베이트를 안하시죠?

● **조진수 교수:** 제 생각에는 영어로 'let buy gun, be buy gun.' 이런 말이
있지 않습니까. 지나간 일은 지나간 일인데요. 솔직하게 제가 느끼는
것은 그냥 핑계에 불과한 것 같습니다. 과거 정권, 그러니까 제가 보

니까 김대중 정권 때 국회에서 처음 시작이 됐는데 그때 솔직히 김대중 정권도 하고 싶은 마음이 없었고 그다음에 노무현 정권도 하고 싶은 마음이 없었고요. 그리고 이명박 정권은 정권대로 또 4대강에 쏟아붓느라고 돈 주고 싶지 않았고. 솔직하게 그러다 보니까 그냥 그런 숫자들 이용해서 한 것뿐이라고 보여지고요. 지금 정권은 또 제 생각에는 안보를 강조하시는데 이번 정권에서 가장 가능성이 있다고 보여집니다. 그래서 지나간 일은 지나간 일인데 우리가 만약 인생에서 도깨비 방망이를 딱 한 번 쓸 기회가 있다 그러면 이미 한번 놓쳤거든요. 근데 지금 10년 지나면서 사실 공군도 FX 1, 2, 3차 통하면서 많이 실력이 늘었고요. 카이도 10년 동안 실력이 많이 늘었습니다. 아시다시피 FA50도 공군에 납품도 하고 수출도 하구요. 그렇게 때문에 문제는 긍정적으로 보고 지나간 얘긴 이제 그만하고 이제 형상이 결정된다고 하니까 그것을 기준으로 해서 모두 합심해서 앞으로만 봤으면 좋겠습니다.

■ **사회자:** 그런 부분은 결론부분에서 말씀하시는 게 좋을 듯합니다. 제가 할 말이 없지 않습니까? 계속 지나간 얘기를 해야 할 것 같습니다. 왜냐하면 늘 될듯하다가 다시 컴백했습니다. 이번에 카이다 어떻게 결정날지 모르겠습니다만 카이다로 가지 말았어야 할 것입니다. 그렇지 않습니까. 근데 다시 한 번 공이 튀었습니다. 왜 다시 카이다로 갔다고 생각하십니까? 조진수 교수님.

● **조진수 교수:** 예 제가 질문을 방사 청장님한테 드렸더니…

■ **사회자:** 방사 청장님께서 뭐라고 하시나요?

● **조진수 교수:** 방사청 규정이 있어서 규정상 하는 거라고 저는 들었습니다. 근데 제가 방사청 직원이 아니기 때문에 규정은 잘 모르겠습니다

만 방사청장 말씀을 그냥 믿을 수밖에 없는 것 같습니다.

■ **사회자:** 네. 감사합니다. 김태형 교수님, 우리 소위 안보학자의 경우 이런 디테일을 잘 이야기 하지 않는 경향이 있습니다. 우리 환경, 위협 환경, 이렇게 분석하는 경우도 있는데 이렇게 하시는 토론들 뭐 집중적으로 보셨기도 하겠고, 관찰 많이 하셨을 텐데 무엇이 결정변수 인 것 같아요? 이렇게 무기를 획득하는 데 있어서 특히 국제정치학자로서 보실 때 어떤 공헌을 하실 수 있을까요?

● **김태형 교수:** 글쎄, 일단 안보 환경을 분석하는 게 가장 우선이라고 보고요. 안보환경과 그리고 안보환경에 맞는 우리의 영향, 그리고 현재 우리가 직면하고 있는 위협이 무엇인지, 그것인데 그것을 현재에만 국한에서 볼 것이 아니라 앞으로 10년, 20년 후에 안보상황이 어떻게 변할지 보는 것도 굉장히 중요하다고 생각하구요. 왜냐하면 우리가 지금 토의하고 있는 KF-X 사업이 만약에 지금 당장 들어가도 실전화가 되는 것은 10여 년 후나 가능하다고 보고요. 그럼 2025년, 2030년 이후에 주변안보환경이 과연 어떻게 변화할 것인지 그것을 봐야지 그 소요군에서 제기하는 것이 과연 타당한 것인지 그리고 우리가 필요한 전략 전술적 무기 체계라든지 시스템이라든지 성능이라든지 이런 것이 어떨 것인지 분명히 보일 거라고 생각하구요. 근데 동아시아에서 가장 중요한 이슈는 중국의 부상이죠. 이것은 어제 오늘의 일이 아닙니다만 대체로 이것이 문제가 되기 시작한 거는 위협요인으로 다가온 거는 2010여 년 이후에 중국의 외교정책에서 군사골격이라고 불릴 정도로 갑자기 좀 공세적으로 나오면서 이렇게 좀 많이 됐다고 생각하는데 문제는 이것이 계속 좀 악화될 가능성이 많다는 것으로 보이기 때문이고요. 2025년, 2030년 정도 되면 국제정치학자들이 이야기하는 세력균형이 변화하면서 세력전이까지 일어날 수 있는 상황이기 때문에 그렇게 된다면 우리 안보환경은 상당히 더, 지금보다 더 악화될

수 있다고 생각이 되고요. 그렇게 본다면 물론 그때도 북한의 위협이
여전히 상존할 수도 있고 좀 약화될 수도 있고 거기까진 모르겠지만
어쨌든 주변국에 관한 우리의 전략 능력을 분명히 확충해야 되는 그런
필요성은 분명 많이 늘어난다고 생각하구요. 거기에 맞춰서 KF-X 사
업이라든지 무기획득사업이 충분히 고려되어져야 된다고 생각합니다.

■ **사회자:** 예, 고맙습니다. 잠시 1년 전을 상기해보시면요, 저희가 헌정기
념관에서 회의를 했고요. 그리고 나서 예결위에서 저희가 체계개발에
관한 예산을 약 200억 원 정도 받은 것으로 기억을 합니다. 그래서
이즈음에 체계를 결정짓는다라고 스케줄표에 나와 있던 것으로 기억
을 하는데 아시겠습니다만 그 사이 우리 항공업계는 소위 1엔진이냐,
2엔진이냐라는 논쟁에 휩싸였어요. 즉 KF-X의 자체의 대의와 미래성
그다음에 상품성, 그리고 수출가능성에 관한 그리고 스펙에 관한 논
의보다 1엔진과 2엔진이라는 소위 블랙홀에 빠져들어서 진영논리에
있었습니다. 근데 김종대 편집장의 글을 보면요. 개발비를 분담해야
하는 업체 입장에서 사업관리에 자신의 의견이 반영될 것을 요구하는
이런 것도 존중되어야 한다라고 말씀하신 것 같은데 그 부분은 어떻
게 생각하십니까?

● **김종대 편집장:** 근데 애시당초 이 사업 추진에 있어서 가장 특이한 것은
정부가 개발비를 전폭적으로 부담한다는 원칙이 허물어져 있었다는데
서 이 문제가 시작이 되는 것이거든요. 우선은 개발비가 3등분되어
있습니다. 정부예산에서 부담하는 중기국방계획에 반영된 예산이 있
는 것이고 그다음에 TAC라고 해서 해외 개발 분담 파트너를 구해야
된다는 거, 지금 인도네시아로 되어 있고, 그리고 로키드 측에도 우리
가 개발비분담을 사실은 요구했습니다. 그다음에 국내에서 업체주도
사업관리라고 해서 우리가 그동안 훈련기에 업체가 투자를 해서 개발
비를 또 분담했다는 이렇게 복잡한 비용분담방식으로 이 사업이 관리

가 되어 왔거든요. 그러다 보면 그만치 자기의 발언권, 인도네시아는
지금 시험비행도 자기네들이 하겠다, 시제기도 자기네가 제작을 하겠
다, 이렇게 요구를 하고 있는 입장이고 돈을 냈으니 주장이 당연히
나오는 겁니다. 그건 지금 KAI도 마찬가지일 거라고 생각되거든요.
그러다보니까 여기에서 주도권 경쟁이 특히 격화되면서 이제는 감정
적인 앙금 내지는 갈등의 양상까지 이렇게…

■ **사회자:** 누가 누가 앙금이 있습니까?

● **김종대 편집장:** 글쎄 그것을 제 입으로 밝혀야 된다는 거는… 저도 먹고
살아야 되기 때문에 조금 자제할 필요가 있는데 제가 이 정도 얘기하
면은 못 알아들으실 분이 하나도 없어요.

■ **사회자:** 저요! 아니 농담입니다.

● **김종대 편집장:** 그러니까 아까운 시간 이걸로 까먹으면 안 되는데… 이
분담에 따른 경쟁과 갈등의 구조가 더 지금까지 확대돼오면서 최근에
나타난 감정적 갈등은 사실은 조금 우려할 만합니다. 물론 잘 해결하
실 거라고 믿고 있습니다만 그런 점에서의 이 사업추진의 책임성이
이 오너십에 지나치게 분산돼 있고 그럼으로써 이것을 끌어가는 상부
의 리더십이 또 뒷받침되지 못했다, 이런 점에서는 이 사업이 굉장히
관리하기 복잡한, 난해한 환경이라고 말씀을 드립니다.

■ **사회자:** 예, 그러나 제가 이해하기로는 엔진 수의 수모적 논쟁의 핵심은
확장성하고 경제성입니다. 어포더빌리티하고 익스펜더빌리티 논쟁인
데요. 결국 경제성이 됐든 확정성이 됐든 코스트에 관련된 것이 맹점
이었습니다. 1엔진일 때는 얼마, 2엔진일 때는 얼마, 또 각자의 비용
이 달랐는데요. 신경수 박사님, 왜 이렇게 우리는 지난 1년, 엔진 수

에 관련돼서 논의를 했죠?

● **신경수 박사:** 저희가 탐색개발을 할 때, 한국항공하고 저희하고 국가연하고 비용을 예측한거죠. 엔지니어기 때문에 그 예측이 틀릴 수 있고 환경에 따라서 바뀔 수 있습니다. 그런데 저희가 예측한 비용보다 2조 원 더 이상이, 정확히는 1.6조 원 정도 더 올라간 비용으로 해서 다시 재예측을 하면서 혼란을 가져왔다고 봅니다. 그러면 그때 환경과 지금 환경이 뭐가 다르냐는 거죠. 별 다를 게 없는데, 그럼 그 안에 자세하게 보면, 서로 상이한 부분들을 쉽게 찾을 수가 있습니다. 최소한의 검증만 했어도 이렇게 혼란을 초래하지 않았다고 봅니다. 누구나 수량 같은 거, 예를 들어서 내부 수량이 어느 쪽에는 2개를 넣고, 어느 쪽에는 3개가 있다고 한다면 2개, 3개를 분별을 못할 사람은 아무도 없습니다. 그러함에도 불구하고 단순히 누가 아까도 얘기했지만 누구는 얼마라고 하더라, 국가연은 얼마라고 하더라, 이러니까 계속 혼란스럽고 그것을 검증하고 그것들을 이렇게 판단해서 이게 얼마라는 것을 아무도 이야기하지 않는다는 겁니다. 그 혼란 때문에 지금의 비용이 싱글엔진을 하고자 하는 곳에서는 비용을 당연히 더블엔진에다가 더 많이 측정을 할거구요. 저희는 더블엔진만 분석을 했기 때문에 더블엔진 입장에서 볼 때에는 나름대로 정당하게 했다라고 생각을 하는데 그 정당성이 그냥 없어지는, 소멸되는 그런 양상이 보여졌던 것 같습니다.

■ **사회자:** 예, 이희우 장군님, 연속적인 질문이고 신경수 박사에 대한 반론을 제시하거나 혹은 찬성 발언하셔도 되는데요. 그런데 이희우 장군님이 제시하신 글에 보면 엔진 수와 수치 가능성도 중요하나 사업 착수 시기 지연요소가 되어서는 안 된다. 이게 무슨 뜻이죠?

● **이희우 장군:** 사실 엔진 수를 가지고 1년간 토론을 한다는 거는 굉장히

이례적인 일이에요. 다른 나라도 그렇게 할까요? 그렇지 않습니다. 보통 엔진 수라는 것은 성능이 중요하잖아요. 충족하는 범위 내에서 그게 여러 가지 소요군의 선호도도 있겠지만 수출가능성이라든가 경제성, 사업성, 그리고 기술이전 가능성, 또 내가 가진 개발능력, 여러 가지를 조합해서 최선의 방법을 선택해서 가는 것이 일반적인 사례거든요. 엔진 수가 그렇게까지 중요한 것은 아니라는 겁니다. 성능이 중요한 거죠. 그래서 이거는 마치 지금 말이죠. 이 사업이 제대로 가려면 엔진 수 말고도 중요한 이슈가 굉장히 많아요. 이를 테면 기술이전. 제대로 될까? 앞으로 해야 될 일이에요. 그다음에 예산, 지금 중기계획에 엔진도 겨우 개발한 정도의 예산만 있어요. 만약에 더블엔진으로 가려면 문제가 있죠. 그다음에 인도네시아가 참여함에 따라서 엑스포트 라이센스가 미국으로부터 나올까. 이런 문제들이 엄청 산적되어 있는데 그건 아직 정리도 못해보고 지금 이런 문제에 우리가 발목 잡혔다는 게 이게 지금 상당히 문제거든요. 제일 중요한 건 사업을 지연 없이 가는 게 더 중요하다, 그런 관점에서 사업관리가 이루어져야 되는데 그 역할을 해야 될 기관에서 과연 이것을 얼만큼 주도적으로 하고 있느냐 하는 회의가 생기는 거죠.

■ **사회자:** 예. 최 부장님, 언론의 입장에서는 어떻게 생각하십니까. 지난 1년, 소위 1엔진, 2엔진 가지고 저희가 갑론을박 벌였는데요. 어떻게 보십니까?

● **최현수 부장:** 목표치를 어떻게 보느냐가 중요한 것 같은데 저는 이걸 보면서 본말이 전도된 거 아닌가 하는 생각이 드는데 왜 KF-X로 시작을 하느냐, 경제성 때문에 시작하는 거 아니거든요. 공군력의, 그리고 국가안보를 위해서 하는 건데, 진행되는 게 이게 돈이 얼마가 들어갈 것이냐. 그리고 수출이 얼마나 될 것이냐, 이런 부분 아니거든요. 사실 수출이 안 된다 하더라도 우리 공군이 필요로 하는 대수만으로도

경제성은 충분히 나올 수 있는 부분이라고 보여집니다. 그래서 이거는 처음부터 KF-X 사업을 시작하는 접근방법이 경제성이나 또 다른 어떤 부분에 대한 건 부수적으로 올 수 있는 부분이지 우리 작전반경 그리고 우리 공군이 활용할 수 있는 그것에 맞느냐는 부분을 먼저 봤어야 되는 부분이 크고요. 본말이 좀 전도된 듯한 느낌이 들고 또 하나는 이렇게 새로운 사업을 시작하는 거잖아요. 안전한 길을 갈 수 있는 것도 중요하지만 그리고 이 전투기를 만들게 되면 10년, 20년 쓰는 게 아니라 길게 쓰면 30년, 40년인데 전투기 개발사를 보게 되면 지금 만들면 계속 그대로 가지고 가는 건 아니잖아요. 30년, 40년 그러면 기술개발도 굉장히 많이 될 것이고, 그러면 어느 정도 미래에 발전될 수 있는 것이냐, 이 발전 가능성을 봐야 되는 거지 지금 안전성을 보고 가서는 적절한 건 아니다, 어차피 우리가 리스크를 안고 가는 사업이기 때문에 그렇다면 앞으로 갈 수 있는 가능성, 미래에 어떤 더 많이 될 수 있는 부분을 더 많이 봐야 되는 부분인데 실제적으로 너무 안전하게 가다보니까 경제성에다 가다보니까 이렇게 엔진 부분, 어떻게 보면 부수적인 사항인데 이런 부분 때문에 쓸데없이 시간을 많이 보낸 것이 아닌가 라는 생각이 듭니다. 그래서 지금이라도 필요한 건, 먼저 생각해야 되는 건 경제성이 아니고 우리의 전투력 향상, 그리고 우리 국가를 지켜내기 위한 가장 적합한 형상이 뭔가 이 부분에 대해서 서로 다시 얘기해야 할 필요가 있고 경제성 부분은 국가가 어떡하든지 만약 업체가 손해를 보게 된다면 어느 정도 보완해 주겠다라는 이런 부분이 조금 있어야 되지 않을까, 결론을 말하면 어떻게 보면 국가의 의지가 되게 중요하다라는 생각이 듭니다.

■ **사회자:** 예, 자연스럽게 이거 하나는 짚고 넘어가야 되겠습니다. 그것은 소위 KF-X 앞으로 추진될 KF-X와 지금 종결단계에 와 있는 FX와의 연결성입니다. 통상적으로 KF-X 사업이 나왔을 때는 FX 3차와 연계해서 한다라고 했습니다. 저는 그것을 일종의 샴 쌍둥이라고 했습니

다. 왜냐하면 FX를 제대로 하지 못하면, 기술이전 관련된 그것을 제대로 하지 못하면 KF-X도 자연스럽게 어려울 수 있다고 하는데요. 패널 선생님들의 글들을 읽어보면 그 부분에 대해서 공통적으로 지적하십니다. 아마도 제 예상으로 KF-X는 어떠한 형식으로든 가야 할 것 같습니다. 그것은 공군의 소위 이익과 그다음에 전략적 운명이기도 하구요. 또 항공 산업의 사활이 거기에 걸려 있다는 것도 하나 있고요, 또 이미 국민적 공감대는 저는 충분히 이루어졌다고 생각합니다. 그러나 항상 악마는 디테일에 있기 때문에 이 악마는 한번 짚어보고 가겠습니다. 이우정님께서는요, FX 기술이전 자주적 협상이 절실하다고 하셨습니다. 그게 무슨 뜻이죠? 그게 FX 3차 수익과 관련이 있는 말씀이십니까?

● **이우정:** 예, 관련이 있죠. 가장 쉬운 예가 일본도 F-35 계약을 했고, 추진하고 있고 우리도 하고 있는데 비교를 해보고 싶어요. 현재 일본은 F-35 계약을 하면서 대수는 더 있겠지만 4대 딱 계약을 했습니다. 그들이 기술이전을 통해서 얻어낸 것은 우리에 비해서 너무 어마어마해요. 자, 조립생산을 하는 권한을 가졌죠. 또, 부품에 대한 생산, 판매 권한까지 얻었죠. 그다음에 아시아 정비 허브를 얻었어요. 4대 딱 계약하고 나서 자, 우리는 40대, 60대를 얘기하고 있는데 과연 뭘 얻었냐 이런 거죠. 앞으로 얻을 수 있는 가능성이 얼마나 있느냐 하는 거죠. 이미 기종은 지정해버렸고, 그다음에 협상을 하고 있으니 협상카드가 과연 뭐가 있느냐. 그런 관점에서 보면 참 비교가 많이 된다. 그다음에 많은 나라들이 자국의 전투기 개발능력을, 기술을 얻기 위해서는 돈으로 살 수가 없기 때문에 유일한 방법이 전투기를 사면서 얻습니다. 그래서 FX와 KF-X는 연계할 수밖에 없고요. 또 우리는 마침 그것이 연계되어 있기 때문에 아주 좋은 기회입니다. 이 기회를 살리지 못하고 있어요. 그래서 우리가 좀 더 기술이전에 대해서 자주적으로 하지 못했지 않았느냐 하는 그런 생각을 하게 되는 거죠.

■ **사회자:** 이 부분에 대해서 좀 제가 지정을 너무 하니까 그런 건데요. 여기에 대해서 반론이나 혹은 동의 이런 발언 있으십니까. 조진수 교수님 오늘 너무 조용하셨어요. 제가 뭐 잘못한 게 있습니까. 얼마 전에 이 부분에 대해서 많이 말씀하신 거 같긴 한데요. FX와 KF-X관련해서요.

● **조진수 교수:** 사실 저 할 말 많고 하고 싶은 말도 많은데요. 제가 어쩌다 보니까 FX팀에도 외부자문위원으로 끼어 있고 KF-X팀에도 외부자문위원으로 끼어 있습니다.

■ **사회자:** 그래서 모셨습니다.

● **조진수 교수:** 그래서 얘기하기가 참 곤란한 부분이 있어서 오늘은 얘기 안 하겠습니다.

■ **사회자:** 그럼 별로 곤란하지 않을 것 같은 김종대 편집장님 한 말씀 해 주시죠.

● **김종대 편집장:** 아, 저도 곤란한데 굳이 말씀을 하라고 하시면 작년 8월에서 9월 사이에 FX 사업관리는 굉장히 좀 실망스러웠습니다. 8월에 가격입찰이 끝나고 9월 추석연휴 막 들어갈 무렵에 뭔가 조짐이 좀 이상했어요. 그리고 연휴가 지나자마자 결국에 경쟁했던 일체의 과정이 대부분 무력화되고 수의계약으로 기종을 다시 결정하는 이런 양상으로 흘러갔는데 물론 이 부분에 대해서 제가 국방부에 여러 차례 그 배경에 대해 질문을 했습니다. 그렇지만 대부분 답변은 방위사업청이 검토를 잘못했기 때문에 국방부가 개입한 거라는 이런 어떤 말씀을 하시는데 우리 정부 조직법상에 방위사업청은 여기에 분명히 엄연한 주무기관이고 같은 정부기관끼리 그렇게 얘기를 하면 좀 뭔가 논리가

궁색하다, 근데 그때 당시에 제일 걱정했던 게 바로 이 점입니다. 이렇게 되면 KF-X 사업에 악영향이 혹시 없겠느냐 바로 이점이었거든요. 그게 지금 많이 현실화돼 있고 더 거슬러 올라가면 제가 매년 지금 다섯 번째 연세대 항공력세미나에 나옵니다만 3년 전에 이 라운드테이블에서 무슨 얘기가 나왔냐 하면 우리가 1차 FX 사업을 하면서 제일 아쉬운 게 기술이전이라고 하였습니다. 그때 항공 3사가 다 와 있을 때 일부 패널은 그런 말씀까지 하셨어요. 이제는 멱살이라도 잡고 기술 받아놔야 된다. 패대기를 쳐서라도 기술 받아놔야 된다. 이것만큼은 우리가 결의하자. 그런 얘기를 했었고 그걸 청중에서 항공 3사가 다 들었거든요. 자, 항상 답변은 있었습니다. 우리 스스로에게 정말 진실을 묻는다면 우리는 항상 답변이 준비돼 있고 뭐가 정답인지 압니다. 근데 그 이후에 사업관리, 특히 작년에 그 짧은 시간에 이것이 뒤집어지면서 그 미처 어떤 정책적 고려가 조금 부족하지 않았는가. 결국 우리 스스로 만들어 놓은 답을 원칙을 지키지 못한 측면이 있지 않은가 하는 아쉬움을 갖습니다.

■ **사회자:** 예, 신 박사님. 비용분석과 FX는 어떤 관련이 있을까요. KF-X 관련된 비용분석하고요. 사업 그 자체, 그리고 FX에서 받을 기술이전 같은 것은 어떤 관련이 있을까요?

● **신경수 박사:** 사실 FX하고 KF-X에서 기술이전을 받아서 저희가 이제 KF-X 사업을 진행을 해야 되는데요. 과연 그러면 우리가 F-35를 사면서 어디까지 기술을 받을 수 있겠느냐 하는 게 가장 초유의 관심사입니다. KF-X에서 필요한 모든 것을 준다는 것은 상식 밖의 이야기고요. 그렇다면 우리가 최대한 받을 수 있는 것, 연계할 수 있는 부분과 그다음에 연계되지 않는 부분에 대한 기술을 어떻게 습득하고 획득할 수 있는지에 대한 구별이 명확하지 않으면 그 문제를 해결할 수 있는 방법은 없다는 거죠. 국민들은 100% FX를 하면 다 받을 것이다라고

생각하고 있고요. 저희 같은 엔지니어는 그러지 않을 거라는 거죠. 그건 누구나 다 아는데도 불구하고 그러한 사실은 숨기고 이야기를 한다는 거죠. 그 이야기가 하나 있을 수 있겠고요, 그다음에 우리가 FX 사업을 하면서 기술을 받을 때 중요한 것들이 있습니다. 꼭 우리 국가에서 필요로 하는 것. 예를 들어서 레이더라든지, 뭐 이런 것들은 이오텍스라든지 … 이런 것들은 꼭 받았으면 좋겠는데 받지 못했을 때의 내용에 대한 그 리스크에 대한 토론은 없었지 않냐는 것이 가장 지금과 같은 데서 문제가 생기지 않았나 생각합니다.

■ **사회자:** 참고로 저희가 51개의 기술을 받아야 된다고 전 알고 있는데요, 47개 정도는 이전할 것으로 예상된다고 하는 것이 제 조사 내용입니다. 근데 소위 KF-X 키 컴퍼넌트로 예상되는 에이사 레이더같은 것은 사실상 제가 조사해보니까 이엘에 에스퍼트 거기에 라이센스에 걸려 있는 품목입니다. 결정적으로 국산화의 문제일 것 같은데 이것은 우리가 극복해야 할 과제입니다. 나중에 기회가 되면 이런 부분들은 원래 오래전부터 집중적으로 토론하고 싶었는데요. 시기가 여전히 부적절하기도 해서 이건 좀 이렇다는 말씀을 드리겠고요. 또 하나는 법적으로 FX에 참여하는 기업이 KF-X의 개발비용을 분담하는 것은 법적 조항이 아닙니다. 그래서 이 부분도 우리가 관심 있게 봐야 할 것 같습니다. 제가 약속드린 대로 중간에 잠깐 청중분들께 질문을 받고요. 시간관계상 두 분만 받도록 하겠습니다. 그리고 나서 또 자연스럽게 그걸 가지고 진행을 하도록 하겠고요. 마지막 부분에서 우리 패널 선생님들께 한 말씀 제가 요청드리겠는데 KF-X의 극복과제가 무엇인지 한 개 정도, 우리가 이것만 극복하면 어느 정도 KF-X 가지 않겠는가. 뭐 여러 가지 원, 투, 쓰리, 포로 하시는데요, 한 가지만 말씀해주시면 여기 정책하시는 분들도 계시고, 그래서 많이 될 것 같습니다. 우리 청중들 질문 있으시면 받도록 하겠습니다. 질문만 받도록 하겠습니다. 네 그럼 홍성표 선생님!

- **홍성표 교수:** 보라매사업 관련해서 저희가 원천부터 생각해볼 게 있습니다. 이 항공기를 운영할 사람들은 한국공군 조종사들이거든요. 조종사들이 운영을 하는데 운영자들이 원하는 것을 사주는 것은 너무나 당연한 일이라고 저는 생각합니다. 왜냐하면 대한민국이 그것을 운영하는 공군 조종사들에게 엉뚱한 것을 사주고 이걸로 해! 이렇게 할 거라고 전 생각하지 않습니다. 그런데 참 불행하게도 우리가 F-16을 도입할 때 이번에 F-15 도입하고 또 F-35를 도입할 때 보면 조종사들의 의견이 무시되고 이렇게 결정이 됐습니다. 최근에 F-35 결정도 가격, 경제성 때문에 조종사들의 의견이 반영되지 못하고 결정될 뻔 했던 것을 참 김종대 대표님은 아무짝에도 해당되지 않은 것에 좌지우지된다라고 그렇지만 방추위가 너무나도 적절한 시점에 그것을 결정을 잘 바로잡아줬다고 저는 생각하거든요. 그래서 조종사들이 원하는 제품을 좀 이번에는 해줬으면 하는 것이 제 생각이고, 그래서 질문은 뭐냐면 도대체 무슨 논리로 운영자들이 원하는 것을 번복시키려고 하는가 하는 질문을 여기 계신 분들 중에 한번 던져보고 싶습니다.

- **사회자:** 참고로 홍성표 선생님께서는 공군을 전체 대변하시진 않으시죠?

- **홍성표 교수:** 그럼요.

- **사회자:** 전체 파일럿을 마치 대변하시는 듯한 발언이 있으셔서요. 제가 그것은 클리어를 드리도록 하겠습니다. 또 한 분 질문 있으십니까? Recep Ünal 터키 장군께서 질문 있습니다.

- **Recep Ünal:** 저는 토론 중간에 이러한 질문이 떠올랐는데요. 제가 짚고 넘어가고 싶은 문제는 만일 한국공군이 필요한 전투기 도입에 있어서 과정상의 문제 등을 어떻게 관리, 운영할 것인가 하는 것입니다.

제가 알고 싶은 것은 전투기 도입에 필요한 요구사항 등 세부적 요소가 아직 명확하지 않다는 것입니다. 보잉 등 다른 전투기나 다른 국적의 전투기보다 Genius 전투기가 더 저렴하다는 점에서는 어떤 공군이든지 Genius의 전투기가 필요할 것이라고 봅니다. 이러한 경우 프로젝트 매니지먼트, 결정권자 그리고 대중을 확신시키는 문제, 이러한 것들이 더 실제적인 문제라고 생각합니다.

■ **사회자:** ok, thank you. 이해도를 높이기 위해서 우리 우날 장군께서는 이 KF-X에 대해서 이해하려고 노력하시는데요. 문제가 무엇이냐, 소위 국민들을 여전히 신뢰하지 못하게 우리가 만든 것이 아니냐, 아니면 소위 이 프로젝트 자체를 해당 공군과 그다음에 업체들이 잘 manage를 하지 못하는 것이냐, 아니면 현재까지도 우리가 무엇이 필요한지 ROC를 정하지 못한 것이냐, 이 세 부분인데요. 이것도 회의 끝나고 공군 쪽에서 우리 한-터키 관계 생각하셔서 좀 많이 클리어하게 해주시고요. 첫 번째 질문, 이것은 상당히 중요한 질문인 거 같습니다. 우리 홍성표 교수께서 질문하신 것, 왜 사용자가 원하는 대로 해주지 않느냐, 어떻게 생각하십니까. 우선 김태형 교수님.

● **김태형 교수:** 앞에 패널에서도 나왔고 일단 정책결정자군의 의지가 아직 거기까지는 투영이 되지 않았다고 생각하고요. 그거는 공군이 필요로 한다고 이런 생각을 하는 사람도 있고 이러한 능력들을 갖춰야 된다는 것들을 말씀을 드리고 설득을 하려고 했을 때 이것이 아직 설득이 되지 않았다는 건데 그거는 그만큼 공군이 요구하는 전략적 필요 같은 게 그만큼 와 닿지 않는다는 생각이 들거든요. 아직도 정책결정자들이나 국방부라든지 거기에 정책결정을 하시는 분들은 아직도 북한으로부터의 위협, 그리고 북한으로부터의 여러 가지 비대칭위협 이런 것들을 고려할 때 아직, 분명 필요는 하되 공군이 필요로 하는 전투기가 우선순위에서 최고에 다다를 때까지는 아직 가지 않았나 그런 생

각이 들거든요. 그래서 이거는 전략적 환경에 대한 정확한 면밀한 분석에 의한 설득작업이 분명히 필요한 부분이라고 그렇게 생각합니다.

■ **사회자:** 예, 최현수 부장님. 왜 파일럿들이 원하는 것을 안 해 주냐. 이런 발언인데요. 어떻게 생각하십니까.

● **최현수 부장:** 말씀드리기가 조금 뭐합니다만, 제가 공군을 굉장히 사랑하지만 얼마 전 F-35 결정 전후로 해서 관계자분이 그런 얘기를 하더라고요. 나는 F-35 들어오는 거 반대한다, F-15 들어오고 그리고 F-35를 공군이 원하는 거는 오해를 안 하셨으면 정말 좋겠지만 조종사들이 자신들의 안전을 위한 부분이 크다, 그 부분에 대해서 국민들이 실망이 있다라는 부분이 있다고 말씀을 하시더라고요. 그래서 꼭 그거는 아니라고 그분에게 설명을 했었고 그다음에 굉장히 듣기 어려운 얘기긴 하지만 왜 그러면 그 운용자의 얘기를 안 들어주려고 하느냐 그 얘기가 국민들도 그렇고 일부 사람들의 뇌리에는 뭐가 있냐면 가장 최고의 것만 공군들이 요구를 한다, 그래서 아주 무드하게 표현을 하면 최고의 장난감을 원한다 이런 표현까지 하는 부분이 있어요. 극히 일부겠지만, 그래서 왜 그러면은 공군이 이런 오해를 받고 있는가 그래서 이 부분에 대한 것을 좀 불식을 시켜줘야 아까 홍 교수님께서 말씀하신 것처럼 내가 믿는 공군이 이게 필요하다 그러는데 그럼 이걸 줘야지라는 신뢰를 좀 심어주는 부분에 대한 어떤 노력이 좀 필요하지 않을까라는 생각이 좀 들고요. 굉장히 근본적인 부분이고 시간이 좀 필요하긴 합니다만, 그래서 누구보다도 쓸 사람이 쓰고자 하는 것을 줘야 된다라는 이런 여론을 어떻게 만들어낼 것인가 이 부분이 되게 중요한 것 같고 그거는 어떻게 보면 공군이 전략커뮤니케이션이 조금 약했다라는 부분이 좀 많이 오는 것 같아요. 그래서 당연히 쓸 사람이 가장 편하게 쓸 수 있는 것을 줘야 되는 게 맞지요. 그게 안 되는 거는 쓸 사람이 국민들에게 얼마만큼의 신뢰를 줬는가 이 부분

에 대한 것을 조금 더 고민을 해야 될 부분이 아닌가라는 생각이 듭니다. 그리고 또 하나는 우리가 F-35를 결정하고 나서 저는 그렇게 기사를 안 썼습니다만 많은 신문기사들이 KF-X에서 기술을 받아오기 힘들 것이라고 쓴 경우가 있었는데 저는 그것을 보면서 개인적으로 굉장히 기분이 나빴거든요. 왜 내가 굉장히 비싼 돈을 주고 이 전투기를 사오는데 이게 결정이 났다고 내가 만들어야 할 우리 기술에 의한 것에 대한 기술을 못 받아 올 것이라고 지레 얘길 하느냐 그건 아니라는 거죠. 우리나라 무기시장이 갖고 있는 파워는 굉장히 큽니다. 예전에는 셀러들의 마켓이었다면 이젠 무기시장이 바이어들의 마켓이고요. 우리나라가 어떤 무기를 선택하느냐 그거에 따라서 사실 보잉사도 그렇고 로키드 마틴도 영향을 받을 수 있는 부분이고 아직 최종계약이 맺어진 것은 아닙니다. 그래서 저는 F-35를 사겠다고 우리가 했던 것 때문에 기술을 못 가져올 것이냐. 그렇게 생각은 안하거든요. 앞으로 우리가 어떻게 협상하느냐에 따라서 달라질 수 있다는 거죠. 충분히 또 다른 지렛대가 있을 수 있는데 미리 이것을 포기하는 게 아닌가라는 생각이 들어서 앞으로 조금 더 전투적으로 나가보자, 협상, 이게 가능할지 모르지만 최악의 경우 원하는 거 안 오면 계약 파기한다고 할 수도 있는 거 아닌가 그런 생각도 약간 들기도 했습니다. 그래서 지레 포기할 것이 아니고 기술의 부분은 이번에 우리가 받아와야 되죠. T-50을 통해서 우리가 받긴 했지만 실체를 보게 되면 정말 우리가 원하는 건 아니었잖아요. T-50의 케이스가 이번에 F-35에서도 되풀이 되어서는 안 된다는 생각이 들고 그래서 이게 가게 되면 이제 협상하는 사람들도 굉장히 철저하게 우리 것을 가져올 수 있도록 노력을 해야 되고 이 기술이전 자체도 어떻게 보면 굉장히 정치적인 부분이거든요. 미국 정부를 설득해야 되는 부분입니다. 그런 부분에 대해서 조금 더 적극적으로 나가야 할 거라고 생각합니다.

■ **사회자:** 네, 조진수 교수님.

• **조진수 교수:** 네, 제가 말씀을 좀 아끼려고 그러는데요. 사실 짧게 얘기하면 지금의 첨단 전투기는 옛날 것하고 다릅니다. 아시다시피 제가 요약해 보면 일단 전투기는 훈련기능이요, 조종사를 프로로 만드는 항공기 자체 성능이 중요합니다만 지금 첨단의 전투기들의 가장 중요한 것 중에 하나가 조종이 쉬워야 됩니다. 많이 자동화돼 있어야 되고 그럼 조종사가 뭘 하느냐 가장 중요한 것이 시츄에이션 어웨어니스, 주변 전장상황을 빨리 파악을 해야 되고 그 다음 두 번째가 퀵케이스 리스펀스입니다. 가장 빨리 반응해야 되고 마지막 제일 중요한 것은 슈트 퀵입니다. 떴다면 무조건 폭파시키든지 떨어뜨려야 됩니다. 그런 것을 볼 때에 만들어지지도 않은 비행기 F-15S를 사는 건 이제야 말할 수 있는데 이상하다고 보여지고 그런 우리가 FX와 KF-X의 연계성을 볼 때 제가 말씀드린 세 가지의 조건을 가장 만족시키는 것이 세 기종 중에는 F-35라고 생각을 하고 그 F-35로부터 우리가 만들 KF-X를 만드는 데 필요한 여러 가지 요소들을 많이 가져올 수 있을 거라고 판단했기 때문에 그런 결정을 내린 거라고 생각을 하고 있고 그 결정이 옳았다고 생각을 합니다.

■ **사회자:** 예, 이 부분에 대해서 종결을 하려고 하는데 더 발언하실 말씀 있으십니까?

• **최현수 :** 아까 F35랑 F15SE를 사자는 게 아니고 관계자분이 말씀하시는 거는 F15K를 사고 그다음에 조금 더 안정성이 있을 때 F35를 그러니까 점검이 됐을 때 사자라는 의미의 말씀을 하셨고요. 그러니까 거기서 F15SE를 사자라는 얘기가 아니었다라는 것을 일단 수정을 좀 해드립니다.

■ **사회자:** 예, 제가 주최 측만 아니면 좀 이 부분을 파고 싶습니다만 앞으로 올해의 이 KF-X 사업이 진행되면서 가장 관심 가져야 될 부분이

소위 FX 사업자로부터 얼마만큼의 기술을 받아낼 수 있느냐 이건데
요. 그리고 이것이 공군분들에게 상당히 중요한 것입니다. 왜냐하면
이게 10년 만에 이 사업이 간다면 우리는 FX 3차 사업 대상자로부터
이만큼의 기술을 가져왔기 때문에 우리 기술 자립도에 상당히 도움이
되는 것이고 우리가 늘 주장했던 것과 같이 KF-X는 대한민국 항공
산업 발전에 기여하는 것입니다라는 논리가 저는 생긴다고 생각합니
다. 이 부분에 대해서 저희 학술회에서는 관심을 가지고 점검도 해보
고 회의도 해보도록 하겠습니다. 아까 말씀드렸다시피 제가 약속드려
서 50분까지 끝낸다고 했습니다만 어쨌든 조금만 1~2분만 넘기도록
하겠습니다. 그래서 제가 아까 주문드렸다시피 KF-X의 극복과제가
무엇인지에 대해서 한 가지씩만 말씀해주시면 감사하겠습니다. 이희
우 장군님 부탁드리겠습니다. 짧게 부탁드리겠습니다. 1분 30초요.

● **이희우 장군:** 아까 사실 말씀드렸는데 제가 방위사업청을 여기서 많이
질책을 했는데요, 사실은 질책과 함께 격려가 필요해요. 왜냐하면 결
국은 방위사업청이 일을 해내야 되거든요. 그래서 제가 말씀드린 의
도는 좀 더 주도적이고 책임감을 가지고 이를테면 이런 겁니다. 만약
에 이 사업을 공군이 계속 했더라면 10년씩 늦어졌을까, 절대 그렇지
않았을 거예요. 비록 방위사업청이 쓰는 무기는 아니더라도 그 임무
가 주어졌기 때문에 정말 내가 쓰는 무기라고 생각하시고 이거를 뚫
고 나가야 된다, 난관이 많을 겁니다. 그러나 손에 피를 묻히는 일이
있더라도 책임을 지고 해나가야 되는 그런 자세, 앞으로 나머지는 협
상, 주도적인 협상과정이 많이 있잖아요? 이제 그런 거 다 해나가셔야
되고요. 또 한 가지는 우리가 지금 협상의 카드가 상당히 부족하거든
요. 협상대안이 필요해요. 그렇다면 우리가 지난번 60대 중에서 20대
는 별도 사업으로 가야 되잖아요. 그러면 20대에 대해서 어떤 다른
기종을 고려해볼 수도 있고 또는 현재 전투기 부족에 따른 임대 방안
도 서서히 생각하고 있는데 그런 것을 통해서라도 다른 협상 대안을

가지고 협상에 임했을 때 우리가 원하는 것을 얻지 않을까. 이제 그런 제안을 하고 싶습니다.

■ **사회자:** 예, 고맙습니다. 김태형 교수님이요.

● **김태형 교수:** 네, 아까 말씀드렸던 거 연장선상일거 같은데요. 제일 중요한 극복요소는 지금 공군이 필요로 하는 전략적 능력을 갖춘 전투기가 정말로 필요하다는 시급히 필요하다는 게 설득이 돼야 된다는 게 필요하고요. 올해가 1차 대전 발발 100주년이죠. 그래서 최근에 그런 비교분석이 있었습니다. 1914년 유럽하고 2014년 동아시아하고 유사점, 차이점 그런 비교들이 있었고 저도 개인적으로 좀 봤습니다. 봤는데 유사점들이 굉장히 많았습니다. 물론 유사점이 많다고 해서 반드시 2014년 혹은 근래에 분쟁이 일어난다거나 그런 건 아니고 세력균형의 변화, 균열, 세력전이 현상이라든지 국제적 민족주의 확산 이런 것들이 분명 많이 있습니다. 그래서 제가 말씀드리고자 하는 것은 안보 환경이라는 게 악화되면 악화됐지, 나아질 기미는 별로 보이지 않는다는 것이고요. 그렇다면 우리가 필요로 하는 특히 공군이 필요로 하는 전략적 능력을 가진 전투기는 정말 시급히, 하루 빨리 확보를 하면 할수록 우리에게 그야말로 필수적으로 도움이 된다는 것을 분명히 인식을 시키고 인식이 되었으면 하는 바람입니다.

■ **사회자:** 예, 고맙습니다. 김종대 편집장님.

● **김종대 편집장:** 어쨌든 수요와 공급의 논리라고 봅니다. 아까 홍 교수님 질문에도 왜 공군이 요구하는 운용자의 요구시항대로 안 되느냐. 그건 수요의 측면이고요. 국가는 거기에 대한 비용을 대야 되거든요. 항상 재정적인 문제가 저는 핵심이라고 봅니다. 물론 우리 자녀들이 원하는 것을 아버지는 부모로서 사주고 싶죠. 그러나 제 지갑 사정이

있는 겁니다. 지금은 이 문제가 제일 큰 장벽이라고 보는데 아까 저는 복잡한 사업비용, 이 어떤 사업의 재정부담 양상이 대단히 특이하고 복잡하다 이런 말씀을 드렸는데 이 부분을 국가가 정리해낼 수 있느냐 어느 정도의 예산 증액까지도 국가가, 정부가 그 부담을 감수해나갈 수 있는 각오가 돼 있느냐 안 되느냐가 역시 이 문제를 푸는 마지막 키라고 생각하고 다른 얘기들 아무리 국제환경, 또 정부의 시스템, 또 여러 가지 어떤 개발자들의 요구, 뭐 많이 있습니다만 결국 그것은 다 돈이라는 공급 측면의 계량화가 가능한 사항이라고 저는 생각합니다. 그런 점에서 이제 최근에 재정환경이 굉장히 안 좋은 방향으로 가고 있는데 이 사업에 대한 우선순위를 인정한다면 재정적인 결단이 있어야 되고 그 부분이 의외로 이 문제를 풀어나가는 거의 대다수를 구성하게 될 것이라고 예측을 합니다.

■ **사회자:** 예, 최현수 부장님 부탁드리겠습니다.

● **최현수 부장:** 재정적인 결단을 그럼 어떻게 만들 것이냐. 이 부분을 좀 실질적으로 고민을 해야 될 것 같고요. 그래서 일단 보라매사업은 가는 거다 그리고 전반적인 분위기는 그러면 이렇게 문제가 많을 수 있고 어려움이 있는 것을 어떻게 성공시킬 수 있겠느냐라는 식으로 분위기 전환을 해 가는 게 좀 필요하지 않을까라는 생각이 듭니다. 그래서 중요한 것이 F35와의 기술이전의 부분, 그리고 이게 우리로서는 마지막 유인기 사업이잖아요. 그리고 아까 이스라엘 장군님께서 말씀하신 것처럼 이제 무인기로 가게 될 텐데 이 마지막 기회를 우리가 어떻게 성공적으로 만들 수 있는가 이런 식의 어떤 분위기 전환이 필요하지 않을까라는 생각이 좀 듭니다.

■ **사회자:** 예, 신경수 박사님 부탁드리겠습니다.

● **신경수 박사:** 요새 화두가 되는 것이 국가 증원이라고 하는데요. 개인적으로 국가를 재건한다는 게 제자리를 지키는 거라고 생각합니다. 엔지니어는 엔지니어가 분석한 것을 적법하게 인정을 받을 수 있어야 될 것 같고요, 군이 요구하면 군이 요구하는 것을 바로 들을 수 있는 필요성이 있을 것 같고요, 사업 책임자가 이러한 기술적인 거 사업적인 측면에 대해서 위험에 대해서 얘기할 때에는 그 위험에 대해서 들어야 우리가 이런 대형 사업을 이끌어 갈 수 있다고 봅니다. 바로 이런 제자리를 지키지 않음으로 인해서 오늘날과 같이 이런 혼란스럽고 10년을 끌었다라고 저는 개인적으로 생각합니다. 그래서 오늘 이 시간 이후부터는 서로 상대방이 그런 이야기, 적어도 그 분야의 전문가인 그 분야에 대해서는 인정을 하면서 앞으로의 미래의 우리가 어떻게 KF-X를 개발할 수 있는지에 대해서 깊은 고민을 했으면 좋겠습니다.

■ **사회자:** 예, 마지막으로 조진수 교수님 부탁드리겠습니다.

● **조진수 교수:** 예, 짧게 하겠습니다. 지금 앞서서 말씀하신 모든 패널 분들의 위시리스트가 다 채워졌다고 가정을 할 때 역시 체계 개발은 카이가 해야 되고 그렇기 때문에 우리는 앞으로 체계 개발을 할 때 KAI의 고견을 많이 수용을 하고 그리고 카이가 좋은 비행기를 만들 수 있도록 많은 분들이 KAI를 아끼고 사랑해줬으면 좋겠습니다. 이상입니다.

■ **사회자:** 마치도록 하겠습니다. 제게 1분만 허락해주시면요, 정리를 좀 하도록 하겠습니다. KF-X를 극복하는데 무엇을 가장 극복해야 되느냐라고 제가 말씀을 부탁드렸습니다. 근데 6가지가 나왔습니다. 하나는 협상력을 좀 많이 격려해 주자, 앞으로 FX로도 받는 옵셋에 관련돼서 답화가 현상 잘 할 수 있도록 격려해 주자라는 말씀이 나왔습니다. 근데 격려 속에 제 생각엔 여전히 비판이 필요하다고 생각합니다.

두 번째는 소요군을 존중하자라는 말이 나왔습니다. 이것은 여전히 당위론이기도 합니다. 즉, 안보환경을 가장 분석할 수 있는 소요군의 선호도 존중하자는 말씀이고요. 그다음에 세 번째로는 결국 돈 아니겠느냐 재정확보에 관련된 것이고요. 네 번째의 경우는 재정확보에 관한 것인데 이것은 결국 기술이전과 상당히 밀접하게 연결이 되어 있다, 그래서 기술이전과 재정확보에 대해서 어떠한 방법론을 도출할 것인지를 고민해보자는 말이었고, 다섯 번째로는 각자의 책임역할론, 소위 엔지니어는 엔지니어대로 리서처는 리서처대로 그리고 소요군, 그리고 업체 각자의 역할론에 투명하게 그리고 서로 소통하자는 말씀이 나온 것 같습니다. 아마 그것인 지난 1년, 지난 10여 년간 이 사업이 지체됐던 원인 중에 하나라고 생각을 하기도 합니다. 마지막으로는 우리 조진수 교수께서 말씀하셨는데 어쨌든 KAI가 있지 않느냐 그래서 업체 역시도 업체 존중이라고 했는데요. 존중이 3개나 나왔습니다. 그래서 답화 존중, 소요군 존중, 업체인데요. 어쨌든 이 부분, 존중 속에서 제 생각에는 차가운 비판도 필요하다고 생각합니다. 시간이 좀 지체되었습니다만 이 대회를 주관했던 간사로서 한 말씀 드리자면 저희 회의는 다른 회의와는 좀 차별을 두려고 많이 노력을 했습니다. 그것이 일종의 이번 세션이기도 한데요. 그래서 제가 개막식이 좀 늦어지는 바람에 이거 한 7년 했었는데 개막식에 힘 빼기는 처음이었습니다. 그래서 그 부분은 제가 진심으로 사과드리겠고요. 아무튼 저희 회의 잘 지켜봐주시고요. 그리고 공군과 연세대학교는 연구소를 학교에 같이 공동으로 설립하려 했습니다. 그것이 이제 항공전략연구원이라고 합니다. 그래서 저희와 항공전략연구원은 유기적은 관계일 뿐만 아니라 어찌 보면 같은 연세대학교 기관으로서 협력을 들어가겠습니다. 잠시 우리 이재용 원장님, 저 이재용 원장님이신데요. 개막식 때 없어서 잠시 소개 올리도록 하겠습니다. 선생님 인사 한번 드리시죠. 저희 항공전략연구원 원장님이시고요, 제가 2회에 간사이기도 하지만 항공전략연구원 안보전략센터의 소장을 맡고 있기도 합니다. 이건 1년에 한 번 운영하는 회의체이기는 하지만 상시적으로는 ASTI를 통해서 공군과 저희 연세대학교는 유기적으로 연계하고 있습니다. 다시 한 번 저희 회의를 찾아주셔서 감사하고요. 내년에는 KF-X가 잘 진행돼서요, KF-X 얘기 좀 덜 하고요, 좀 더 좀 큰 그림을 그리는 행사였으면 좋겠습니다.

고맙습니다.

❖ 편저자 및 학술회의 참가자 소개

✴ 제1부 참가자		
문정인
Chung-in Moon	직책	연세대학교 정치외교학과 교수, 항공우주력 학술프로그램 공동위원장 영문계간지 *Global Asia*의 편집인, 김대중도서관 관장
	학력	美 메릴랜드대학교 정치학 박사
	경력	前 대통령자문 동북아시대위원회 위원장, 외교통상부 국제안보대사 미국 국제학회(ISA) 부회장
	주요 저서	『중국의 내일을 묻다』,『일본은 지금 무엇을 생각하는가』,『동북아시아 지역공동체의 모색』

Chung-in Moon is a professor of political science at Yonsei University, editor-in-chief of Global Asia, a quarterly magazine in English, and director of the Kim Dae-Jung Presidential Library. He served as Dean of Yonsei's Graduate School of International Studies, Ambassador for International Security Affairs at the ROK Ministry of Foreign Affairs and Trade, and Chairman of the Presidential Committee on Northeast Asian Cooperation Initiative, a cabinet-level post. Dr. Moon served as a long-time policy advisor to South Korean government agencies such as the National Security Council of the Office of the President, the Ministry of Foreign Affairs and Trade, the Ministry of National Defense, and the Ministry of Unification. And the President of the Korea Peace Research Association.

	직책	터키공군 교육훈련감
	학력	무장군 참모대학(Armed Forces Staff College) NATO 국방 대학(이탈리아), 공군 참모 대학
Recep Ünal	경력 특기 사항	항공 전투대학의 훈련장, 공군본부 훈련 및 연습 부정, 3th Main Jet Base 지휘관, 합동군(네덜란드 Brunssum) 지휘 본부 항공작전 참모, 에어팀(Turkish Stars) 설립

Brigadier General Ünal served in various operational and staff positions throughout his aviation career. Upon completion of his first NATO tour, he later commanded 132nd Squadron with the 3th Main Jet Base in Konya, until 2003. In 2003, He was assigned as Force Planning Section Chief with the J5 at the Turkish General Staff HQ in Ankara. In 2013 he is promoted to Brigadier General and performing as Training Department Chief of Turkish Air Force HQ.

	직책	이스라엘 바 일란대학교 정치학 교수
	학력	美 코넬대학교 정치학 박사
	경력	외교 이스라엘 위원회 위원, 공공정책 위원회 위원, 이스라엘 인터네셔널 법률 자문위원
Gerald M. Steinberg	주요 저서	『이스라엘 군사전략 발전: 비대칭, 취약점, 선취 및 제 지』,『군비 통제 및 중동의 국가보안』,『중동 군비 통 제 협상의 리얼리즘』

Prof. Steinberg Is Professor of Political Studies, Bar Ilan University, And Founded The Program on Conflict Management And Negotiation. He Is Also The Founder/President of Ngo Monitor, A Jerusalem-Based Public Affairs Institute — Awarded The 2013 Begin Prize. His Research Focuses on The Changing Nature of Power In International Relations, As Reflected in Middle East Diplomacy And Security, The Politics of Human Rights And Non-Governmental Organizations (Ngos), Israeli Politics And Arms Control.

	직책	일본 항공자위대 지휘참모대학 교수
	학력	日 시즈오카 현립대학, 美 공군 석사

Masaki Oyama is Counsellor, Crisis Management, Cabinet Secretariat and also ranked as Colonel. He worked in Defense Planning and Policies Division at Air Staff Office. He studied at the Joint and Combined Warfighting School, U.S. National Defence University.

Masaki Oyama

✽ 제2부 참가자		
	직책	연세대학교 정치외교학과 교수, 항공우주력 학술프로그램 공동위원장 연세대학교 행정대학원장
	학력	美 코네티컷 주립대학교 정치학 박사
	경력	연세대학교 동서문제연구원 원장, 한국정치학회
김기정 Ki-Jung Kim	주요 저서	『미국의 동아시아 개입의 역사적 원형과 20세기 초 한미관계』, 『1800자의 시대스케치』, 『한미관계 130 년』, 『연미책 부침의 역사』

Ki-jung Kim is Professor in the Department of Political Science and International Studies, Yonsei University. He received Ph. d. from the University of Connecticut in 1989. He was Director of The Institute of East and West Studies at Yonsei University and Vice President of The Korean Political Science Association. He has been teaching been teaching and conducting researches in the field of International Relations, East Asian International History, and Korea's Foreign Policy. He was written many books and articles on Northeast Asian regional politics, American foreign policy, and peace government on the Korean peninsula, including The historical Patterns of US Involvement in East Asia and the Studies of Korean-US Relations in the Early 1900s;
Sketching our time in 1800 words

	직책	아주대학교 NCW학과 교수
	학력	영국 헐대학교 국제정치학 박사
	경력	국방개혁위원회 위원장 정책보좌관, 미 공군대학교 교환교수, KBS 객원 해설위원, 전 국방대학교 안보대학원 교수
홍성표 Sung-Pyo Hong	주요 저서	『아틀라스 세계항공전사』, 『동북아 전략환경과 한국 안보』, 『미국의 국방정책론』, 『미래전』

Sung-pyo Hong is a professor in the department of Network-Centric Warfare Studies at Ajou University, Korea. He was a Professor and Director in the Department of Military Strategy in Korean National Defense University, KNDU from 2002 to 2008. He got his Doctoral degree in Politics, Hull Univerisity, the UK.

	직책	고려대학교 일민국제관계연구원 연구교수
	학력	고려대학교 정치학 박사
	경력	국무총리실 국정과제평가단 민간위원, 21세기 정치학회 편집위원, 美 아메리칸대학교 동아시아연구소 방문연구원
정성윤 **Sung-Yoon Chung**	주요 저서	「북한에 대한 경제 제재의 평가: 결정 요인과 효과」
		Chung Sung-Yoon is a Research Professor and the head of division of research planning and coordination at the Ilmin International Relations Institute (IIRI), Korea University since 2007. Dr. Chung's research interests are focused on North Korea's security strategy and security studies in Northeast Asia. His recent publications are as follows: "Blame Game under Fire: Parsing South Korean debate on North Korea Policy," Korea Observer (2013)
	직책	국방대학교 안보대학원 교수
	학력	고려대학교 정치학 박사
	경력	안보문제연구소 군사문제연구실장, 서강대 강사(군사 전략론 강의), 미 아태안보연구소(APCSS) 정책연수
박창희 **Chang-Hee Park**	주요 저서	『군사전략론: 국가대전략과 작전술의 원천』, 『미일중 러의 군사전략』, 『21세기 전략환경 변화와 중국의 군 사전략』
		Chang-hee Park is Associate Professor of Military Strategy Department at Korea National Defense University in Seoul. He received his MA in National Security Affairs from the Naval Post-graduate School in Monterey, CA and Ph.D. from Korea University in Seoul. He was a member of Executive Course #04-1 at the Asia-Pacific Center for Security Studies at Honolulu, Hawaii. He was also Chief of Military Affairs Research Division, RINSA(Research Institute of National Security Affairs), KNDU, for three years. He has participated in several research projects on Korean defense issues, and provided policy recommendations to MND and ROK JCS on defense policy and military strategy. His research area is on China's military affairs, war and strategy, and military strategy.

✿ 제3부 참가자		
 **최종건** **Jong-Kun Choi**	직책	연세대학교 정치외교학과 교수
	학력	美 오하이오 주립대학교 정치학 박사
	경력	現 연세대학교 항공우주력 학술회의 간사 現 연세대학교 동서문제연구원 북유럽연구프로그램 　센터장 現 외교부, 통일부 정책 자문위원 現 공군 정책 자문위원 現 인천시 남북교류협력위원회 위원 現 Asia Perspective 편집위원 前 북한대학원대학교 교수 前 대한민국 국회 외무통상통일 위원회 자문위원 前 인천광역시 남북협력위원회 위원 前 연세대학교 행정대학원 부원장
		Jong-kun Choi is a Professor at the Department of Political Science and International Studies at Yonsei University. Choi specializes in International Relations theories, Northeast Asian Security, Political psychology and public opinion on national identity and foreign policy attitudes. His articles have so far appeared in International Security, Global Asia, Asian Perspective, Journal of International Peace, Korea Journal of Defense Analysis, Korean Political Science Review, International Relations of the Asia Pacific and many others. He served as member of advisory council to the Standing Committee on Diplomacy, Trade and Unification of the National Assembly of Korea. He is also Yonsei University's coordinator for Air Power Annual Conference with the ROK Air Force, the largest & oldest academy-military cooperative program in Korea.

	직책	한양대학교 기계공학부 교수, 한국항공우주학회장
	학력	美 퍼듀대학교 항공우주공학 박사
	경력	공군 차기전투기 평가단 자문위원, 지식경제부 민군겸용기술위원회 전문위원, 한국산업기술평가원, 전문평가위원
조진수 Jin-Soo Cho	주요 저서	『공학실험의 이론과 실제』, 『항공기 개념 설계』

Jin-Soo Cho is a Professor at the School of Mechanical Engineering at Hanyang University. He is a member of Policy Advisory Committee in Korea Aerospace Industries Ltd., a member of Policy Advisory Committee in Republic of Korea Air Force. Served as Dean of College of Engineering IV at Hanyang University, Visiting Assistant Professor in the School of Aeronautics & Astronautics at Purdue University, USA. He received Ph.D. in Applied Aerodynamics from Purdue university in 1988.

	직책	국민일보 군사전문기자
	학력	연세대학교 사회과학대학 정치외교학과 졸업 미국 시카고대학 국제관계학(사회과학) 석사
	경력	연세여성언론인회 회장 KBS 라디오 시사프로그램 '움직이는 세계' 고정 패널, 교양프로그램 '책마을 산책' 고정패널, 국방홍보원
최현수 Hyun-Soo Choi	특기 사항	한국기자협회 '이달의 기자상' 수상, 제28회 여기자상 수상 '연세언론인상' 수상

Hyun-Soo Choi is a Vice chief editor and also a senior military affairs reporter in Kookmin Ilbo. She started her career as a journalist in Kookmin Ilbo since 1988. She was a host of daily radio news program named "Good Morning, Choi Hyun Soo" in 2005, and currently a host of "Defence Focus," a weekly news discussion program at Defense News TV.

김종대
Jong-Dae Kim

직책	디펜스 21 플러스 편집장, 디엔디포커스 편집장
학력	연세대학교 경제학 학사
경력	국무총리 산하 비상기획위원회 혁신기획관, 청와대 국방보좌관실 행정관, 16대 대통령 인수위원회 국방전문위원
주요 저서	『시크릿 파일 서해전쟁』, 『노무현 시대의 문턱을 넘다』

Jong-Dae Kim is the editor-in-chief of the defense and security magazine, 'Defense 21+.' After graduated from Yonsei University, he served as a secretary to the 14th National Assembly's National Defense Committee and now, he is an expert on national defense who dealt with national defense issues for 10 years, from the 14th to 16th National Assembly. After a chance to discuss about the security issues of Korea with Roh Moo Hyun in 2002, he was selected as an expert adviser of the 16the Presidential Transition Committee. After that, he served as an executive officer at the presidential defense aide team, an innovation planner of the National Emergency Planning Commission, and a policy adviser of the Minister of National Defense.

김태형
Tae-Hyung Kim

직책	숭실대학교 정치외교학과 부교수
학력	美 켄터키대학 정치학 박사
경력	켄터키대학 방문교수, 한국정치연구협회 위원, 아시아 정치정책 부주필 국제연구협회 위원, 재미 한인 정치학회 위원
주요 논문	"1914 vs. 2014: Is East Asia in 2014 Repetition of Europe in 1914?", "South Korea's Overseas Troop Dispatch Policy"

Tae-Hyung Kim is Associate Professor in the Department of Political Science at Soongsil University, Korea. He obtained his Ph.D in Political Science at the University of Kentucky, majored in International Relations with emphases on International Security and Conflict, East Asian Politics. His research interests are on the East Asian Security, South Korea's Security Policy, International Security, Proliferation of WMD, and Non-major Power's Foreign Policy. The most recent article that is to be published on Eurasian Review in July 2014, titled as "1914 VS 2014: Is East Asia in 2014 Repetition of Europe in 1914?"

직책	국방과학연구소 수석연구원
학력	미국 Rensselaer Polytechnic. Institute 졸업 (기계공학과), 박사
경력	국방과학연구소 JTDLS 분할사업 책임, 국방과학연구소 현무 사업 ILS 팀장

신경수
Kyung-Soo Shin

Kyung-Soo Shin is a Principal Researcher in Agency for Defense Development in Korea. He was First Lieutenant(Transportation Officer) during his military career till 1980. He obtained his Ph. D. in Mechanical Engineering, at Rensselaer Polytechnic Institute. He is currently devoting as a Systems Engineer for KFX Program.

직책	충남대학교 종합군수체계연구소 소장
학력	美 아리조나주립대 항공공학 박사
경력	전발단 분석평가처 분석평가처장, 공본 전력기획참모부 전력기획처장, 공군 전투발전단장

이희우
Hee-Woo Lee

Hee-Woo Lee is a President of ILSRI Cungnam National University and retired B. General of ROKAF. Served as Commander of Air Force Study & Analysis Wing, Director of Force Planning Division and Director of Analysis & Evaluation Division in ROKAF. He was awarded Ph.D in Arizona State University and M.A. in Naval Postgraduate School

연세대 항공우주력 연구총서 [13]

지속 가능한
항공우주력의 도약

인　쇄: 2014년 11월 5일
발　행: 2014년 11월 10일

편저자: 문정인 · 김기정 · 최종건

발행인: 부성옥
발행처: 도서출판 오름
등록번호: 제2-1548호(1993. 5. 11)
주　소: 서울특별시 서초구 남부순환로 337가길 70 301호
　　　　(서초동 1420-6)
전　화: (02) 585-9122, 9123 / 팩　스: (02) 584-7952

E-mail: oruem9123@naver.com
URL: http://www.oruem.co.kr

ISBN 978-89-7778-431-4　　93390

*잘못된 책은 교환해 드립니다.
*값은 뒤표지에 있습니다.